国家资源库《包装技术与设计》建设课程

软包装设计与加工

赵素芬 张莉琼 主 编
李新芳 谢文彬 副主编

北京理工大学出版社
BEIJING INSTITUTE OF TECHNOLOGY PRESS

内容简介

本教材根据软包装技术员、软包装检测员和软包装业务跟单员职业岗位对应的知识和技能要求，采用海苔软包装背封袋、果冻盖膜和鸭脯高温蒸煮袋三个典型的软包装产品为教学案例，这三个案例包含了软包装常见的材料、复合工艺（无溶剂、挤出复合和干式复合）和袋型（背封袋、卷膜和三边封袋），包含了防潮包装、阻气包装和高温蒸煮包装等常见包装要求的类型。教材编写内容根据生产过程来组织，即包装对象分析、包装材料选用、包装生产加工工艺、包装质量检测和包装报价等几部分。

本教材可用作高等院校包装印刷相关专业应用本科及专科的教材，也可供从事软包装彩印工作的相关技术人员、业务员和检测人员等参考。

图书在版编目（CIP）数据

软包装设计与加工／赵素芬，张莉琼主编．—北京：北京理工大学出版社，2020.8

ISBN 978-7-5682-8808-8

Ⅰ．①软…　Ⅱ．①赵…　②张…　Ⅲ．①柔性材料-包装设计-教材②柔性材料-包装材料-加工-教材　Ⅳ．①TB48

中国版本图书馆CIP数据核字（2020）第137168号

出版发行／北京理工大学出版社有限责任公司
社　　址／北京市海淀区中关村南大街5号
邮　　编／100081
电　　话／（010）68914775（总编室）
　　　　　（010）82562903（教材售后服务热线）
　　　　　（010）68948351（其他图书服务热线）
网　　址／http：//www.bitpress.com.cn
经　　销／全国各地新华书店
印　　刷／北京地大彩印有限公司
开　　本／787毫米×1092毫米　1/16
印　　张／6.75
字　　数／151千字
版　　次／2020年8月第1版　2020年8月第1次印刷
定　　价／56.00元

责任编辑／王佳蕾
文案编辑／姜　丰
责任校对／周瑞红
责任印制／李志强

图书出现印装质量问题，请拨打售后服务热线，本社负责调换

前　言

在现代包装产业中，软包装以绚丽的色彩、丰富的功能、形式多样的表现力成为货架销售最主要的包装形式之一。软包装设计与加工是一门综合性较强的应用性学科，涉及软包装材料、软包装生产（印刷、复合、分切和制袋及软包装质量检测）和软包装应用等各方面。本教材针对高职学生特点，更注重实际实施过程中的应用知识，达到学以致用的目的。

本教材以具体的实际典型案例为教学内容，即海苔软包装背封袋、果冻盖膜和鸭脯高温蒸煮袋，这三个具体案例基本涵盖了软包装常见的材料、复合工艺（无溶剂复合、挤出复合和干式复合）和袋型（背封袋、卷膜和三边封袋）。教材编写内容根据生产过程来组织，即包装对象分析、包装材料选用、包装生产加工工艺、包装质量检测和包装报价等几部分，结合国家包装技术与设计资源库建设课程《软包装设计与加工》，书中引用大量的微课和动画视频资源，读者可通过扫描书中的二维码，配合教材进行学习。

本教材由中山火炬职业技术学院赵素芬、张莉琼主编。认识软包装和每个学习情境的复合工艺由赵素芬编写；每个学习情境的包装要求分析及选材、软包装质量检测方案及软包装报价由张莉琼编写；每个学习情境的印刷工艺部分由谢文彬编写；海苔软包装背封袋分切和制袋工艺、果冻盖膜分切工艺部分由李新芳编写。全书由赵素芬和张莉琼统稿，广东理工职业学院涂志刚审定。

本教材在编写过程中得到了多方的大力支持和帮助，感谢吴锦苑和余晓明提供了大量的帮助，感谢中山天彩包装有限公司提供了实习机会。由于时间仓促，未能对编写过程中所有参考文献资料的出处一一列出，恳请提供相关资料的单位和个人谅解，并深表感谢。

在编写本教材的过程中，每位编者都倾注了大量的心血，但由于编写水平有限，书中难免有疏漏之处，敬请广大读者批评指正。

编　者

2020 年 3 月

目　　录

学习情境一

海苔软包装背封袋设计与加工

任务一　认识软包装

软包装是指在充填或取出内装物后，容器形状可发生变化的包装。用纸、铝箔、纤维、塑料薄膜以及它们的复合物所制成的各种袋、盒、套、包封等均为软包装，如图 1－1 所示。

图 1－1　软包装

一、软包装材料结构

复合软包装材料中的“复合”实际上是“层合”的意思，是将不同性质的薄膜或其他柔性材料黏合在一起，再经封合，达到承载、保护及装饰内装物的目的。软包装的层合结构按照不同的组合方式，可以有很多形式的分类，但常规的结构一般包括外层印刷层、中间阻隔层、内层热封层、油墨和胶黏剂等，具体结构如图 1－2 所示。

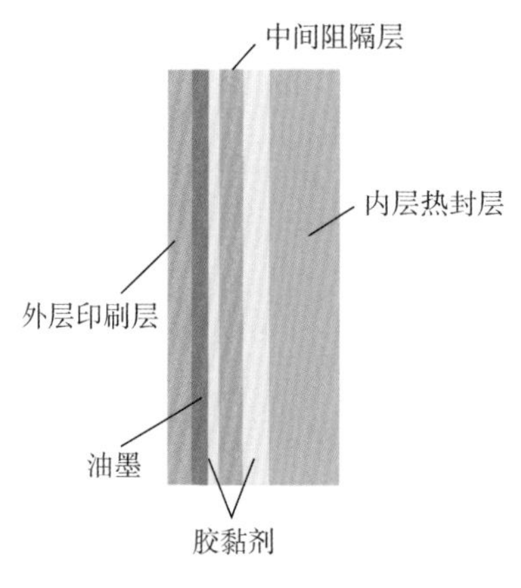

图 1－2　软包装材料结构

包装层分解

（一）外层印刷层

外层印刷层通常选用机械强度好、耐热性好、印刷适性好、光学性能好的材料。目前最为常用的是双向拉伸聚酯（BOPET）、双向拉伸聚酰胺（BOPA）、双向拉伸聚丙烯（BOPP）和纸等材料。外层材料的要求及作用如表 1－1 所示。

表 1－1　外层材料的要求及作用

要求	作用
机械强度	抗拉、抗撕、抗冲击、耐摩擦
阻隔性	防湿、阻气、保香、防紫外线
稳定性	耐光、耐油、耐有机物、耐热、耐寒
加工性	摩擦系数、热收缩卷曲
卫生安全性	低味、无毒
其他	光泽、透明、遮光、白度、印刷性

（二）中间阻隔层

中间阻隔层通常用于加强复合结构的阻隔性能，如阻气（二氧化碳、氧气、氮气等）性、遮光性和保香性等。目前最常用的材料是铝箔（Al）、镀铝膜（VMCPP、VMPET）、聚酯、聚酰胺、聚偏二氯乙烯涂布薄膜（KBOPP、KPET、KOPA）和乙烯－乙烯醇共聚物（EVOH）等。中间层材料的要求及作用如表 1－2 所示。

表 1－2　中间层材料的要求及作用

要求	作用
机械强度	抗张、抗拉、抗撕、抗冲击
阻隔性	隔水、隔气、保香
加工性	双面复合强度
其他	透明、遮光

（三）内层热封层

内层材料最为关键的作用是封合性，内层材料直接与包装内装物接触，因此要求无毒、无味、耐水、耐油。常用的材料是流延聚丙烯（CPP）、乙烯－醋酸乙烯酯共聚物（EVA）、聚乙烯（PE）及其改性材料等。内层材料的要求及作用如表 1－3 所示。

表 1－3　内层材料的要求及作用

要求	作用
机械强度	抗拉、抗张、抗冲击、耐压、耐刺、易撕
阻隔性	保香、低吸附性
稳定性	耐水、耐油、耐热、耐寒、耐应力开裂
加工性	摩擦系数、热黏性、抗封口污染、非卷曲
卫生安全性	低味、无毒
其他	透明、非透明、防渗透

（四）油墨

油墨由色料、连接料和助剂组成。色料是油墨的主体，是呈色物质，图像的颜色是由色料再现的，它一般为固体颗粒状；连接料为流质物体，用来分散色料；助剂是为了改善油墨性质而添加的，油墨要形成一个均匀的、稳定的流质体系，才能在印刷时顺利转移到承印物上。油墨根据用途可以分为普通油墨、水煮油墨和蒸煮油墨。

（五）胶黏剂

胶黏剂是能把两种不同的软包装基材通过粘接作用连接起来，并能满足一定性能要求的一类物质，软包装行业复合常用胶黏剂主要有无溶剂型胶黏剂、水性胶黏剂和溶剂型胶黏剂三大类。

软包装生产工艺过程

二、软包装加工工艺过程

软包装加工工艺过程如图 1－3 所示。

图 1－3　软包装加工工艺过程

（一）印刷

软包装印刷目前主要是凹版印刷。凹版印刷是印版凹坑中所含的油墨直接压印到承印物上，所印画面的浓淡层次是由凹坑的大小及深浅决定的，如果凹坑较深，则含的油墨较多，压印后承印物上留下的墨层就较厚，反之亦然。图文部分的凹陷程度则随着图像深浅不同而变化，以此来呈现原稿上晕染多变的浓淡层次。印刷时，首先使印版滚筒浸没在墨槽中或用传墨辊传动，使凹下的图文部分内填满油墨，然后用刮墨刀刮去附着在空白部分的油墨，而凹陷区空穴中的油墨则在适当的印刷压力下，被转移到承印物表面。凹版印刷原理如图 1－4 所示。

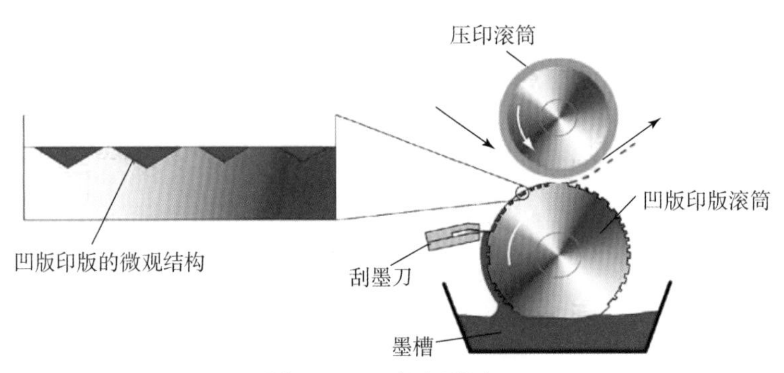

图 1－4　凹版印刷原理

（二）复合

软包装常见的复合方式有干式复合、挤出复合和无溶剂复合等。

干式复合就是指胶黏剂在干的状态下进行复合的一种方法，先在一种基材上涂好胶黏剂，经过烘道干燥，将胶黏剂中的溶剂全部烘干，在加热状态下将胶黏剂熔化，再将另一种基材与之贴合，然后冷却、熟化处理。这样能生产出具有优良性能的复合材料。干式复合工艺流程如图 1－5 所示。

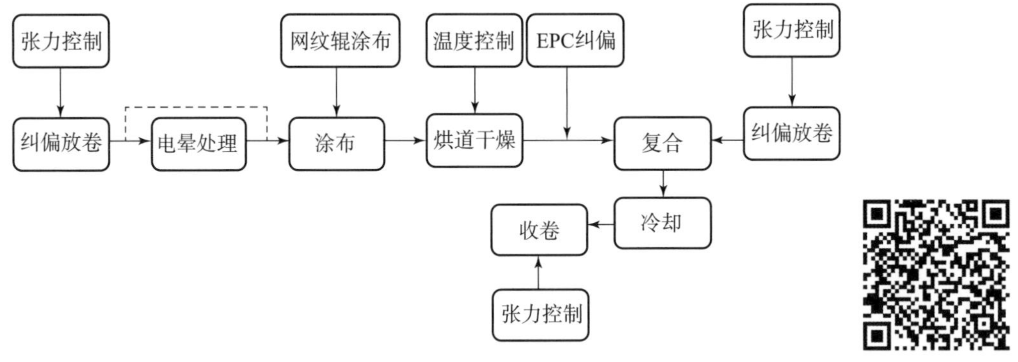

图 1－5　干式复合工艺流程

干式复合示意图

挤出复合是将热塑性树脂在挤出机内熔融后，由扁平模口挤出片状熔体作为胶黏剂，立即与一种或两种基材通过冷却辊和复合压辊复合在一起的方法，如图 1－6 所示。

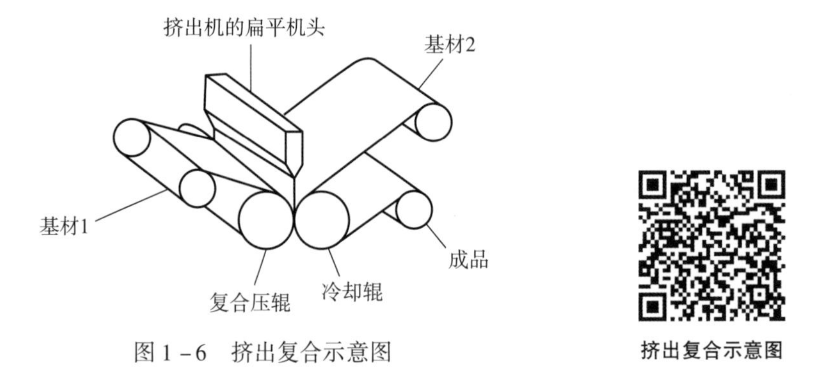

图 1－6　挤出复合示意图

挤出复合示意图

无溶剂复合是采用100%固体的无溶剂型胶黏剂涂布基材，直接将其与第二基材进行复合层黏合的一种复合方法，是一种典型的资源节约型、环保型的生产工艺，其工艺流程如图1－7所示。

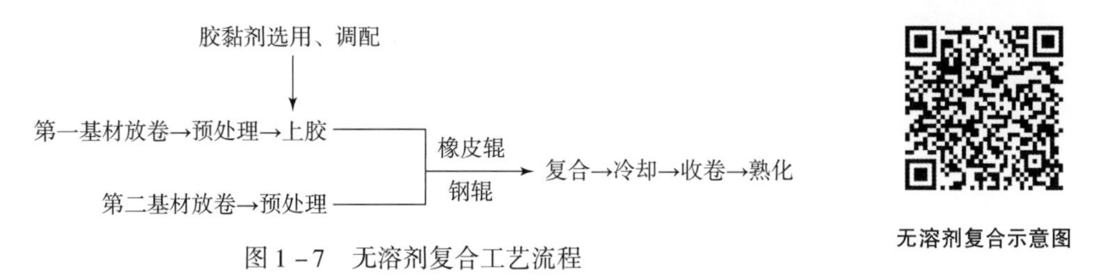

图1－7　无溶剂复合工艺流程

（三）分切与制袋

分切工艺是将大规格的原膜，即印刷、复合后的膜卷通过切割加工成所需规格尺寸的工艺，如图1－8所示。

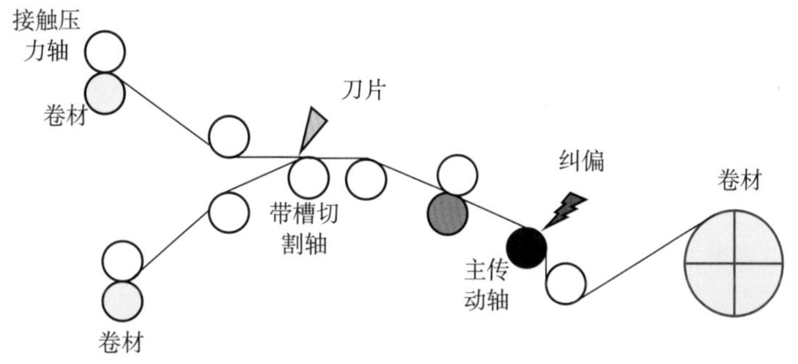

图1－8　分切工艺示意

制袋是把复合软包装材料做成各种形状的袋子，袋型不同，工艺略有差异。常见的三边封袋和背封袋工艺分别如图1－9和图1－10所示，两者除了放卷和袋成型结构不同外，其余的工艺原理相同。

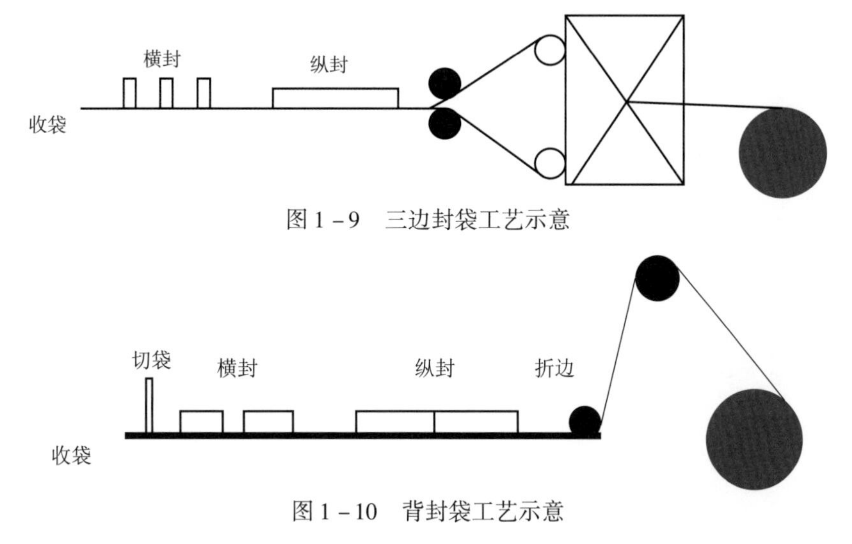

图1－9　三边封袋工艺示意

图1－10　背封袋工艺示意

（四）质量检测

软包装检测控制整个软包装生产过程的质量，包括原材料检测、生产过程检测和成品检测，其具体检测项目如表 1－4 所示。

表 1－4　软包装检测的具体检测项目

检测项目	原材料检测	生产过程检测		成品检测	
		印刷	复合	卷膜	袋
具体内容	1. 外观 2. 规格尺寸 3. 表面电晕值 4. 摩擦系数 5. 热封性能 6. 机械物理性能 7. 耐热性（蒸煮膜） 镀铝膜： 1. 光密度 2. 镀铝附着力 胶黏剂： 固含量	1. 印刷外观及效果 2. 色差及套印 3. 光标间距 4. 油墨附着力 5. 热封强度（涂胶产品） 6. 溶剂残留量 油墨： 1. 色相 2. 固含量 3. 黏度检测 4. 油墨细度 溶剂： 纯度	1. 外观 2. 厚度及厚度均匀性 3. 初黏力及最终复合强度 4. 光标间距 5. 热封强度 6. 摩擦系数 7. 溶剂残留量 8. 收卷效果 树脂： 熔融指数	1. 规格尺寸及出卷方向 2. 分切偏差 3. 摩擦系数 4. 光标间距 5. 外观 6. 收卷效果 7. 标签及包装	1. 规格尺寸 2. 封口强度 3. 耐压实验 4. 跌落实验 5. 耐热实验 6. 外观 7. 开口性

任务二　海苔软包装背封袋要求分析及选材

一、海苔包装的要求分析

海苔包装要求分析

国内海苔通常采用酱烧工艺，以美好时光、波力、雅玛珂海苔等为代表，这类海苔的口感清香，入口即化。此类海苔的包装要求主要是防潮。防潮包装一般选用阻湿性能好的材料，根据相似相溶原理，即极性相似的物体间能相互渗透，水是极性分子，而只有非极性分子的材料其阻湿性才佳。就高分子材料而言，一般若分子结构中只含碳、氢两种元素，则该材料是典型的非极性材料；若材料中除了碳、氢之外，还有其他元素，如氧、氮、硫等，则该材料带有一定极性，如 EVOH、BOPA 等。考虑到海苔包装属于轻包装，包装要求主要是防潮，因此印刷膜选用 BOPP，热封层选用 CPP，因为这两种材料阻湿性好，满足防潮的要求。

二、海苔包装的材料选用

BOPP 材料性能

（一）BOPP 薄膜

1. BOPP 材料性能

印刷膜 BOPP 的常见规格为 19 μm、28 μm、38 μm 等。

1）聚丙烯通用型薄膜

聚丙烯通用型薄膜是将聚丙烯熔融挤出后经过纵横向拉伸所制得的薄膜，是包装上最广泛使用的薄膜之一。聚丙烯通用型薄膜的特征如下。

（1）拉伸强度高，弹性模量高，但抗撕强度低、刚性好。

（2）表面光泽度高，透明性好。

（3）比重小，卫生性好，无毒、无味、无臭。

（4）化学稳定性好，除强酸，如发烟硫酸、硝酸对它有腐蚀作用外，不溶于其他溶剂，只有部分烃类对其有溶胀作用。

（5）阻水性极佳，是阻湿防潮最佳材料之一。

（6）易老化变脆，耐候性差。

2）消光 BOPP

消光 BOPP 的表层设计为消光（粗化）层，使外观的质感类似纸张，手感舒适。一般消光表层不热封。由于消光层的存在，消光 BOPP 有以下特点。

（1）消光表层能起到遮光作用，但表面光泽度也大大降低。

（2）消光表层爽滑性好，因表面粗化具有防黏性，膜卷不易黏结。

（3）拉伸强度比通用膜稍低。

3）BOPP 珠光膜

BOPP 珠光膜是一种三层共挤复合膜，两层热封性共聚 PP（聚丙烯）夹一层含有 $CaCO_3$ 母料的均聚 PP 共挤成片并经过纵横拉伸近 40 倍时，即形成 BOPP 珠光膜。BOPP 珠光膜呈珠光色彩，具有一定的热封性，且紫外线阻隔性能优异，一般应用在热封层，其珠光效果可以作为印刷层的托底白。

2. BOPP 印刷基材的质量控制

BOPP 材料质量控制如表 1－5 所示。

表 1－5　BOPP 材料质量控制

项目		指标
厚度偏差/%		≤ ±5
平均厚度偏差/%		≤ ±3
拉伸强度/MPa	纵向	≥140
	横向	≥240

续表

项目		指标
断裂伸长率/%	纵向	≤200
	横向	≤80
热收缩率/%	纵向	≤4
	横向	≤2
摩擦系数		≤0.8
雾度/%		≤1.5
电晕处理值/($mN \cdot m^{-1}$)		≥38
光泽度/45°		≥90

BOPP表面张力检测如下。

BOPP薄膜要求其印刷表面张力大于38 dyn（达因），用棉签浸蘸38 dyn的电晕液或选取38 dyn的电晕笔，在整个薄膜宽幅上快速从左画到右，观察电晕液在2 s内是否收缩，若收缩，则表明该薄膜的表面张力没有达到38 dyn，反之亦然。电晕液的配制如表1－6所示。

BOPP薄膜表面张力检测

表1－6　电晕液的配制

润湿张力/($mN \cdot m^{-1}$)	乙二醇乙醚/ml	甲酰胺/ml	甲醇/ml	水/ml
35.0	65.0	35.0	—	—
36.0	57.5	42.5	—	—
37.0	51.5	48.5	—	—
38.0	46.0	54.0	—	—
39.0	41.0	59.0	—	—
40.0	36.5	63.5	—	—
41.0	32.5	67.5	—	—
42.0	28.5	71.5	—	—
43.0	25.3	74.7	—	—
44.0	22.0	78.0	—	—
45.0	19.7	80.3	—	—
46.0	17.0	83.0	—	—
48.0	13.0	87.0	—	—
50.0	9.3	90.7	—	—
52.0	6.3	93.7	—	—

3. BOPP 材料应用

BOPP 薄膜被誉为“包装皇后”，在软包装印刷层中应用非常广泛，如食品包装、药品包装、日化产品包装、化妆品包装等。目前常见的印刷膜有 BOPP、BOPET 和 BOPA 三种。

（1）在三种常见印刷膜中，BOPP 的价格相对来讲最便宜，因此经常用在附加值不是很高的产品上。如休闲食品、日化产品等。饼干包装，其结构一般为 BOPP/VMCPP（图 1－11）。

（2）在三种常见印刷膜中，BOPP 的拉伸强度相对较差，因此适合于净含量低于 800 g的普通包装。如速冻水饺、洗衣粉包装都为 BOPP/PE（图 1－12、图 1－13）。

图 1－11　饼干包装

图 1－12　速冻水饺包装

（3）在三种常见印刷膜中，BOPP 的阻气性能较差，因此适合于对阻气性要求不高的场合，如挂面包装、食盐包装为 BOPP/CPP（图 1－14、图 1－15）。

图 1－13　洗衣粉包装

图 1－14　挂面包装

（4）BOPP 的使用温度为 －50～120 ℃（巴氏杀菌：80～85 ℃，水煮：100 ℃，高温蒸煮 121 ℃，超高温蒸煮 135 ℃），因此 BOPP 适合低温、常温、巴氏杀菌及水煮的场合，如榨菜包装的结构为 BOPP/VMPET（增强）/CPP，但不能应用于高温蒸煮袋（图 1－16）。

图 1－15　食盐包装

图 1－16　榨菜包装

（二）CPP 薄膜

1. CPP 材料性能

CPP 材料的特性

CPP 薄膜的特点是透明度高、平整度好、耐高温性好，但不耐低温，低温下容易变脆，具有一定挺括度，不失柔韧性，热封性好。均聚 PP 热封温度范围窄、脆性大，适用于单层包装；共挤 CPP 的性能均衡，适宜作为复合膜内层材料。目前一般都是共挤 CPP，可充分利用各种 PP 的特性进行组合，使 CPP 的性能更加全面。

2. CPP 材料的质量要求

通用 CPP 性能指标如表 1－7 所示。

表 1－7　通用 CPP 性能指标

项目	指标		
厚度/μm	20	25	30
雾度/%	2. 5	2. 5	300
拉伸强度/（MD/TD,%）	60/30	50/30	95/25
伸长率/（MD/TD,%）		500/600	
摩擦系数	14	0. 3	16
热封强度/（N/15 mm）		15	
起始热封温度/℃		120	

3. CPP 材料应用

（1）CPP 耐高温不耐低温，因此适合常温及高温蒸煮的包装袋，如鸡翅包装结构为 BOPET/Al/CPP（图 1－17）；但 CPP 材料 0 ℃会表现出脆性，因此不适合冷冻食品包装。

（2）CPP 具有一定的耐油性，因此适合于包装油脂含量高的产品，如薯片包装的结构为 BOPP/VMPET/CPP（图 1－18）。

图1－17　鸡翅包装

图1－18　薯片包装

(3) CPP的透明性较好，适合于透明要求较高的袋子，如充气的面包包装为BOPET/CPP（图1－19）。

图1－19　充气的面包包装

(4) CPP的封口抗冲击强度低，因此适合轻便包装。

(5) CPP的封口抗污染性比较差，因此不适合液体或粉剂等灌装时容易在封口被黏附的产品。

(6) 当只有两层材料复合，且印刷层采用BOPP，热封层材料没有特殊要求时，一般选用CPP，因为与BOPP为同质材料，易加工，如海苔包装为BOPP/CPP。

（三）海苔防潮包装材料选用合理性的验证

1. 概念

1）透湿量

表面积为1 m^2 的包装材料在某一面保持温度40 ℃、相对湿度90%，相对的另一面用无水氯化钙进行空气干燥，然后用仪器测定24 h内透过材料的水蒸气量，测定值就是在40 ℃、相对湿度90%条件下包装材料的透湿量，单位 $g/m^2 \cdot 24\ h$。

2）透湿系数

1 m厚的包装材料在某一面保持温度40 ℃、相对湿度90%，相对的另一面用无水氯化钙进行空气干燥，然后用仪器测定，当两侧水蒸气分压力差为 1 Pa 并且在 1 s 内通过 1 m^2 面积渗透的水蒸气的质量即为包装材料的透湿系数，单位 g/(m · s · Pa)。

透湿量和透湿系数都是在温度 40 ℃、相对湿度 90% 的条件下测定的，两者受温度和相对湿度的影响比较大，因此在不同的温度和湿度下需要对透湿量值进行修正，一般我们用透湿量来衡量。

2. 防潮包装设计

防潮包装设计

(1) 包装对象允许透过包装的水蒸气量 q(g) 的计算公式如下：

$$q = W \cdot (C_2 - C_1)$$

式中 W——被包装产品的净重，g；

C_1——被包装产品的含水量,%；

C_2——被包装产品的允许最大含水量,%。

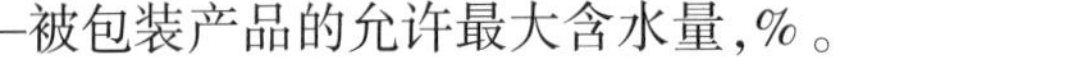

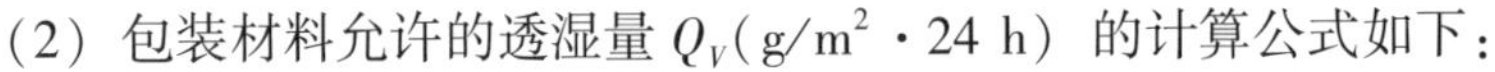

(2) 包装材料允许的透湿量 Q_V($g/m^2 \cdot 24$ h) 的计算公式如下：

$$Q_V = q/A \cdot t = W \cdot (C_2 - C_1)/A \cdot t$$

式中 A——包装材料的面积，m^2；

t——防潮包装有效期（24 h 为计算单位）。

(3) 确定包装材料在某产品储存温湿度条件下的实际透湿量 Q_m。

材料的透湿量是在 40℃ 和包装内外湿度差为 90% RH 的特定条件下测定的，把此特定条件下测量并计算得到的包装材料的透湿量用 R 表示，则包装材料在某温湿度条件下的实际透湿量 Q_m 为

$$Q_m = R \cdot K_m \cdot \Delta h$$

式中 Δh——包装内外的湿度差,%；

K_m——包装放置在环境温度 m ℃时的温度影响系数；

R——在 40 ℃、(90 ~ 0)% RH 条件下材料的透湿量。

(4) 根据被包装产品的防潮要求、包装尺寸及储藏环境条件选择包装材料。

当包装材料允许的透湿量 Q_V 大于等于实际透湿量 Q_m 时，可求出所要选用包装材料的 R 值：

$$R \leqslant W \cdot (C_2 - C_1) / A \cdot t \cdot K_m \cdot \Delta h$$

根据 R 值即可选择相应的防潮包装材料。反之可以验证自己所选定的包装材料是否满足保质期的要求。

各种薄膜在不同温度下的 K 值如表 1－8 所示。

表 1－8　各种薄膜在不同温度下的 K 值

薄膜类型 \ 温度	40 ℃	35 ℃	30 ℃	25 ℃	20 ℃	15 ℃	10 ℃	5 ℃	0
聚苯乙烯	1.11	0.85	0.64	0.48	0.35	0.257	0.184	0.131	0.092
聚酯	1.11	0.73	0.48	0.31	0.20	0.129	0.081	0.048	0.029
低密度聚乙烯	1.11	0.70	0.45	0.28	0.18	0.105	0.063	0.036	0.021

续表

薄膜类型 \ 温度	40 ℃	35 ℃	30 ℃	25 ℃	20 ℃	15 ℃	10 ℃	5 ℃	0
高密度聚乙烯	1.11	0.69	0.44	0.27	0.17	0.100	0.059	0.033	0.019
未拉伸聚丙烯	1.11	0.69	0.43	0.25	0.16	0.092	0.053	0.029	0.017
拉伸聚丙烯	1.11	0.67	0.41	0.24	0.15	0.084	0.047	0.025	0.014
聚偏二氯乙烯	1.11	0.65	0.39	0.22	0.13	0.074	0.040	0.021	0.011

注：薄膜厚度 30 μm。

包装用塑料薄膜在不同温度下的透湿量与透湿系数如表 1－9 所示。

表 1－9　包装用塑料薄膜在不同温度下的透湿量与透湿系数

序号	薄膜种类	厚度/μm	40 ℃，(90～0)% RH		25 ℃，(90～0)% RH		5 ℃，(90～0)% RH	
			R_{40}	P_{40}	R_{25}	P_{25}	R_5	P_5
1	聚苯乙烯	30	129	6.75	55.2	6.72	15.6	6.9
2	聚酯	30	17	0.89	4.8	0.58	0.77	0.34
3	低密度聚乙烯	30	16	0.84	4.0	0.49	0.5	0.22
4	高密度聚乙烯	30	9	0.47	2.2	0.27	0.26	0.12
5	未拉伸聚丙烯	30	10	0.52	2.3	0.28	0.24	0.11
6	拉伸聚丙烯	30	7.5	0.39	1.6	0.19	0.17	0.08
7	聚偏二氯乙烯	30	2.5	0.13	0.5	0.06		

3. 复合薄膜的透湿量

复合薄膜的透湿量由下列公式计算：

$$1/R = 1/R_1 + 1/R_2 + 1/R_3 + \cdots + 1/R_N$$

式中　R——复合薄膜的透湿量；

R_1、R_2、R_3、R_N——各层基膜的透湿量。

4. 实例分析

假设海苔的保质期为两年，包装袋的尺寸为 285 mm 长 ×265 mm 宽，净含量为 18 g，海苔在包装时的含水率为 5%，允许的最大含水率为 9%，储存的外界温度为 25 ℃，外界空气的相对湿度为 80%，海苔的吸湿曲线如图 1－20 所示。试验证 BOPP28/CPP30 材料能否满足包装要求。

（1）包装对象允许透过包装的水蒸气量 q(g)：

$$q = W \cdot (C_2 - C_1) = 18 \times (9\% - 5\%) = 0.72\ \text{g}$$

（2）包装材料允许的透湿量 Q_V（$\text{g/m}^2 \cdot 24\ \text{h}$）：

$$Q_V = q/A \cdot t = 0.72/(0.285 \times 0.265 \times 2 \times 12 \times 30) = 0.0132\ (\text{g/m}^2 \cdot 24\ \text{h})$$

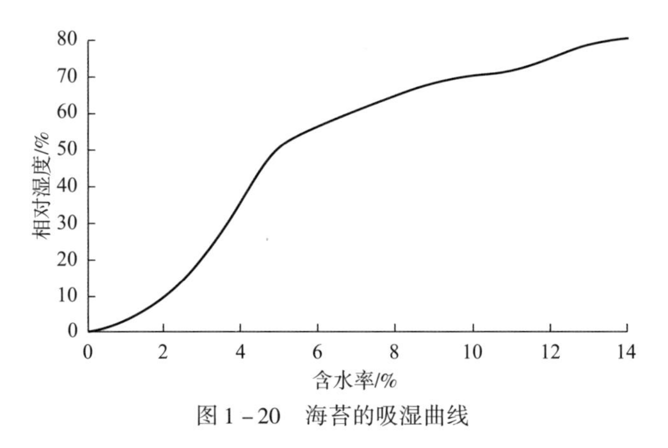

图 1-20　海苔的吸湿曲线

（3）BOPP38/CPP30 包装材料在储存温度 25 ℃、相对湿度 80% 条件下的实际透湿量 Q_m。

根据表 1-9 查得 BOPP38 和 CPP30 在 40 ℃ 和相对湿度差 90% 时的透湿量分别为 7.5（g/m^2 · 24 h）和 10（g/m^2 · 24 h）。因为透湿量与厚度成反比，即厚度越厚，透湿性越好，对应的透湿系数越小，则 BOPP38 和 CPP30 的透湿量分别为 5.92（g/m^2 · 24 h）和 10（g/m^2 · 24 h）。

根据吸湿曲线图 1-20，当含水率为 5% 时，对应的内部相对湿度为 50%，含水率为 9% 时，内部相对湿度 68%，因为随着含水率的变化，内部相对湿度呈动态变化，以平均值的方式做一个近似处理，即内部的相对湿度为 (50+68)/2=59%。

根据表 1-8 查出 BOPP 和 CPP 的温度 K 值分别为 0.24 和 0.25，则

$$Q_m = R \cdot K_m \cdot \Delta h$$

$$Q_{m\mathrm{BOPP38}} = 5.92 \times 0.24 \times (80-59)\% = 0.002\,98 \ (\mathrm{g/m^2 \cdot 24\ h})$$

$$Q_{m\mathrm{CPP30}} = 10 \times 0.25 \times (80-59)\% = 0.005\,25 \ (\mathrm{g/m^2 \cdot 24\ h})$$

复合膜 BOPP38/CPP30 的实际透湿量 Q_m：

$$1/Q_m = 1/Q_{m\mathrm{BOPP38}} + 1/Q_{m\mathrm{CPP30}}$$

代入得 Q_m 为 0.001 9 g/m^2 · 24 h。

根据结果表明，允许的透湿量 Q_V 比实际的透湿量 Q_m 要大，即满足包装防潮要求。

任务三　海苔软包装背封袋印刷工艺

凹版印刷是一种直接的印刷方法，它将凹版凹坑中所含的油墨直接压印到承印物上，所印画面的浓淡层次是由凹坑的大小及深浅决定的，如果凹坑较深，则含的油墨较多，压印后承印物上留下的墨层就较厚；如果凹坑较浅，则含的油墨量较少，压印后承印物上留下的墨层就较薄。凹版印刷的印版是由一个与原稿图文相对应的凹坑与印版的表面所组成的。印刷时，油墨被充填到凹坑内，印版表面的油墨用刮墨刀刮掉，印版与承印物在一定的压力下接触，将凹坑内的油墨转移到承印物上并完成印刷，如图 1-21 所示。

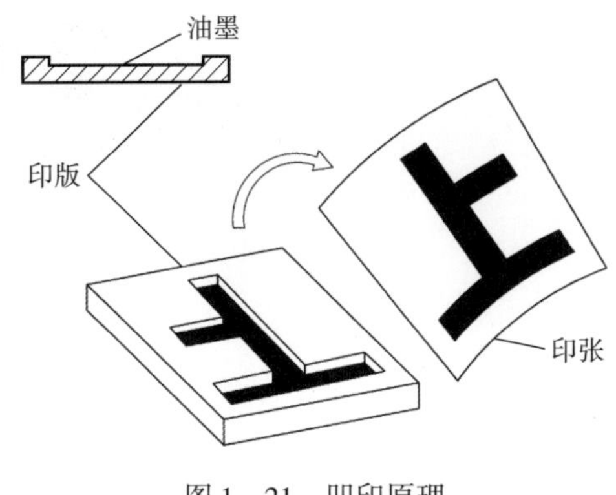

图 1－21　凹印原理

软包装印刷工艺

一、印刷单元

（一）印版

印版是把油墨转移至承印物上的模拟图像的载体，凹版印版图文部分由无数个凹下去的面积大小不一或深浅不一的网穴组成（图 1－22）。

图 1－22　印版

凹版印刷用印版由基础钢辊、镍层、铜层和铬层组成，其中钢辊是整个滚筒的基础和载体；镍层是结合层，能使铜层与钢辊牢固地结合在一起，不至于在制版印刷的过程中脱落；铜层是滚筒中最重要的部分，所有的雕刻操作即制版过程都是在铜层中进行的；铬层是保护层，只有足够的硬度才能保证印版耐印力达到要求（图 1－23）。

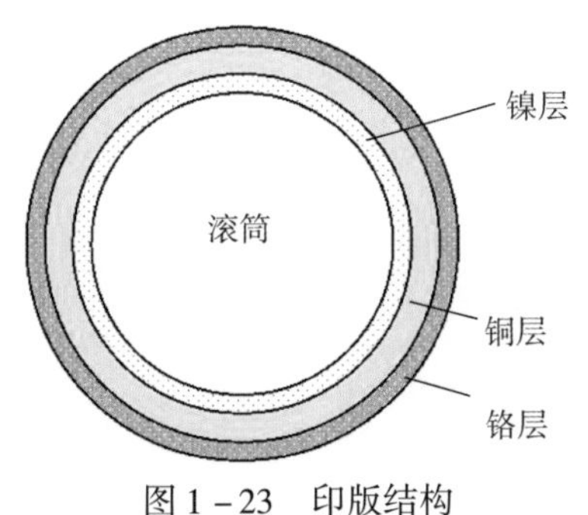

图 1－23　印版结构

(二) 刮墨刀

刮墨刀的作用是将凹版滚筒表面多余的油墨刮去。刮墨刀刮墨之后只留下网穴中的油墨（图文部分），而凹版滚筒表面（非图文部分）多余的油墨都应该被刮干净（图 1-24）。

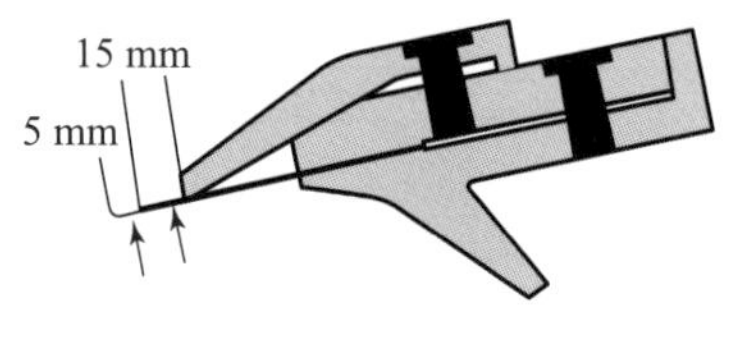

图 1-24　刮墨刀

(三) 压印辊

压印辊在一定压力作用下，产生适当的变形，使承印物与油墨有充分接触的机会，从而完成油墨的转移（图 1-25）。压印辊表面的橡胶易老化，而且老化时弹性会发生变化，从而影响压力的均匀性，因此在选用时需考虑橡胶是否局部老化，同时还需要考虑橡胶的硬度，一般是 70~80 邵氏。

图 1-25　压印辊

二、海苔包装印刷工艺

<table>
<tr><td colspan="10">印刷工艺单</td></tr>
<tr><td colspan="2">产品结构</td><td colspan="8">BOPP28/CPP30（低温热封性）</td></tr>
<tr><td colspan="2">印刷基膜</td><td colspan="2">BOPP28 ×980</td><td colspan="2">μm × mm</td><td colspan="2">电晕强度</td><td colspan="2">≥38 dyn</td></tr>
<tr><td colspan="2">放卷输入张力</td><td colspan="2">120 ~ 140</td><td colspan="2">N</td><td colspan="2">收卷输出张力</td><td>130 ~ 150</td><td>N</td></tr>
<tr><td colspan="2">放卷张力</td><td colspan="2">80 ~ 100</td><td colspan="2">N</td><td colspan="2">收卷张力</td><td>80 ~ 100</td><td>N</td></tr>
<tr><td colspan="2">印版尺寸</td><td colspan="2">461</td><td colspan="2">mm</td><td colspan="2">印版重复长度</td><td colspan="2">横：320 mm
纵：230. 5 mm</td></tr>
<tr><td rowspan="2">干燥温度/℃</td><td>1#</td><td>2#</td><td>3#</td><td>4#</td><td>5#</td><td>6#</td><td>7#</td><td>8#</td><td>9#</td></tr>
<tr><td>50 ~ 60</td><td>50 ~ 60</td><td>50 ~ 60</td><td>50 ~ 60</td><td>50 ~ 60</td><td>50 ~ 60</td><td>65 ~ 75</td><td>60 ~ 70</td><td>70 ~ 80</td></tr>
<tr><td>NO.</td><td>色序</td><td colspan="6">油 墨 类 型 及 配 比</td><td colspan="2">油墨黏度/s</td></tr>
<tr><td>1</td><td>黑</td><td colspan="6">OLS105 黑 + 溶剂</td><td colspan="2">15</td></tr>
<tr><td>2</td><td>金</td><td colspan="6">TAF 青金 + 红点蓝</td><td colspan="2">16</td></tr>
<tr><td>3</td><td>大红</td><td colspan="6">OLS105 红 + 307 橙</td><td colspan="2">17</td></tr>
</table>

续表

<table>
<tr><td>4</td><td>QS 蓝</td><td colspan="3">OLS507 蓝 + 紫点绿</td><td>15</td></tr>
<tr><td>5</td><td>蓝</td><td colspan="3">OLS507 蓝 + 冲</td><td>15</td></tr>
<tr><td>6</td><td>红</td><td colspan="3">OLS105 红 + 冲</td><td>15</td></tr>
<tr><td>7</td><td>专绿</td><td colspan="3">OLS507 蓝 +407 黄 +709 白点橙</td><td>17</td></tr>
<tr><td>8</td><td>黄</td><td colspan="3">OLS407 黄 + 冲</td><td>15</td></tr>
<tr><td>9</td><td>白</td><td colspan="3">OLS709 白</td><td>15</td></tr>
<tr><td rowspan="2">控制要点</td><td colspan="2">成品要求：</td><td>下开口</td><td>印刷出卷及上版方向：</td><td>头先出</td></tr>
<tr><td colspan="5">1. 严格按照标准样控制生产。
2. 图案套印要好，保证图案颜色与标准样一致。
3. 注意细小文字要清晰，不能有堵版、毛刺等问题。
4. 严格控制溶剂残留量：苯类不得检出，总量≤5 mg/m^2。
5. 产品供货尺寸：横向为 320 mm；纵向为 230 mm。
6. 注意事项：生产时注意张力及车速的控制；张力尽可能小，能满足生产要求即可，车速要求小于 130，慎防粘连。
7. 底色电脑有内存，用 A4 纸检测，尽量控制在合格范围内</td></tr>
</table>

（一）备料

1. 印刷膜 BOPP

海苔包装印刷工艺单解读

产品的重复单元，横：320 mm，纵：230. 5 mm，排版时横向排开，并且排三个版面，即薄膜的宽度为（320 ×3 +20） mm，其中 20 mm 为印刷膜两边的印刷标记等预留宽度，版辊长度一般不能超过机器的最大宽幅，要根据客户的设备要求来定（一般不超过 1 m）。故领料时 BOPP 膜的尺寸规格为 28 μm ×980 mm。印版的周长即印版转动一圈的长度，一般为 400 ~ 700 mm比较合适，最适合的版周是 500 mm 左右。本产品为 230. 5 ×2 =461 （mm），排版如图 1 –26 和图 1 –100 所示。

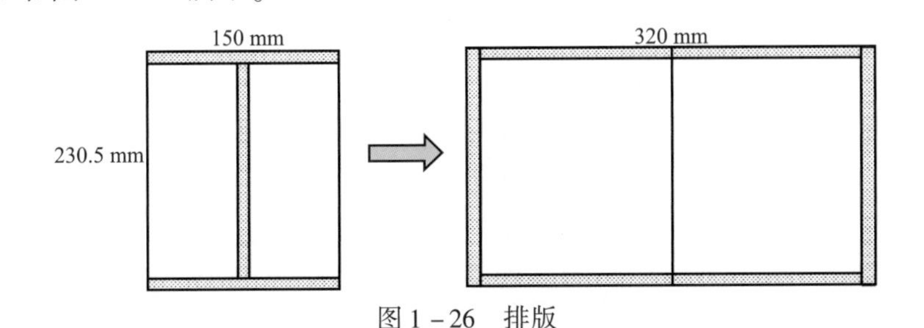

图 1 –26　排版

2. 油墨的选用

凹印油墨主要分为表印油墨和里印油墨，表印油墨主要是聚酰胺油墨，里印油墨包括氯化聚丙烯油墨和聚氨酯油墨两大类。聚酰胺油墨的附着力好、光泽好，但高温条件下不适应，复合时牢度差，仅用在表面印刷。氯化聚丙烯油墨对印刷 BOPP 薄膜黏附力高，但耐高温性能差，仅用于常温情况下的 BOPP。对 BOPET、BOPA 等薄膜则选用聚氨酯油墨，在生产耐蒸煮的包装袋时还需选择耐蒸煮的聚氨酯油墨。

本项目的基材料是 BOPP 薄膜，而且包装及整个流通过程在常温下进行，故选用氯化聚丙烯油墨。

油墨使用时需注意以下事项。

（1）同一产品的油墨，必须使用同一油墨厂家同一系列型号的油墨。

（2）注意控制油墨的黏度，油墨的黏度一般用蔡恩杯进行检测，以一定体积的油墨通过某一直径圆孔所需要的时间表示相对黏度，单位为秒。

黏度

（二）印刷数色

包装印刷工艺正、反面如图 1－27、图 1－28 所示。

图 1－27　正面

图 1－28　反面

1. 套色

一般实物图或颜色丰富的区域采用套色印刷，即利用原红（M）、原黄（Y）、原蓝（C）、黑（K）和白的其中几色套印（图 1－29）。

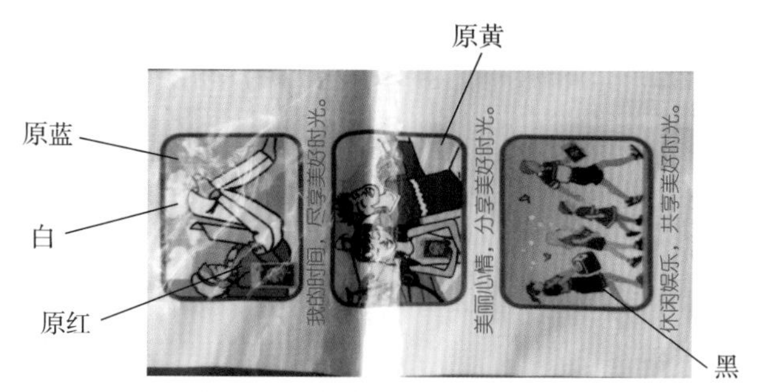

图 1－29　颜色丰富区域用套色

2. 专色

专色指在印刷时，不是通过印刷 CMYK 四色叠加成某种颜色，而是专门用一种特定的油墨来印刷。以下情况一般采用专色印刷。

（1）线条（粗细0.5 mm以下）：如细小文字、条形码等，如图1－30所示。

（2）特殊颜色：无法用分色表现的颜色，如金色、银色、防伪色、珠光色等，如图1－31所示。

图1－30　黑色

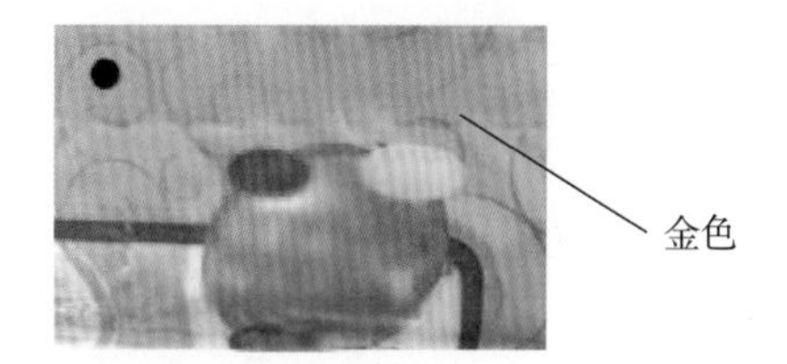

图1－31　金色

（3）一致性：为保证颜色的统一所设定的共用专色版（同一系列产品，不同型号），一般是产品的商标和QS等，如QS生产许可蓝色（图1－32），喜之郎的商标大红色块（图1－33）。

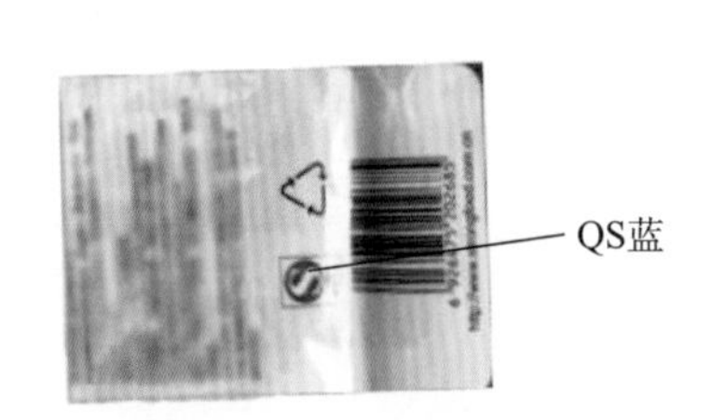

图1－32　QS蓝

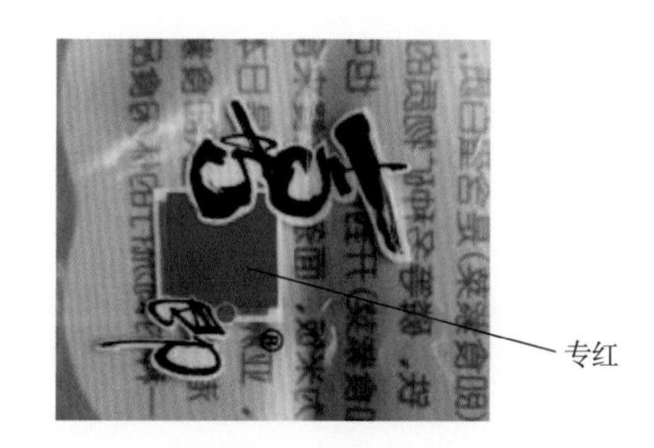

图1－33　专红

（4）颜色保证方面，如果有条件，大面积实地底色与层次图案版最好分开制版，大面积实地底色尽量采用专版，如大面积底色的绿色（图1－34）。

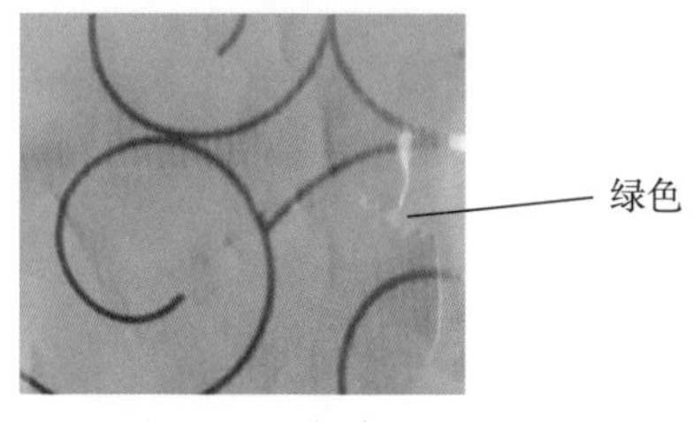

图1－34　绿色

本项目共用八色印刷，分别为黑、金、大红、蓝、红、专绿、黄、白。

（三）印刷色序

塑料薄膜的印刷有表印和里印两种方式，印刷色序按墨色的深浅进行排序。表印是先印浅色，后印深色，一般三原色的油墨色版排列依次为白—原黄—原红—原蓝—黑。而里印的色序刚好跟表印相反，当印刷有专色时，一般色序排列都安排在与三原色油墨相似的同一位置上，印刷金、银色时，则一般将其安排在第一色之后。因为金、银专色油墨印刷在承印物上时，其印刷的马克线与其他油墨印刷的马克线相比略显得淡一些，不易被光电传感器跟踪扫描，从而影响印品的套印精度，因此不能放在第一色上。

（四）印刷出卷方向

印刷出卷方向根据卷膜拉出来的方向来判断，若看到图案或文字的上方或左方先出，则为头先出，相反图案或文字的下方或右方先出，则为尾先出。图 1－35 所示为头先出。

图 1－35　出卷方向

软包装印刷温度控制

（五）印刷控制

1. 干燥控制

干燥温度应根据印刷面积、车速、环境的温湿度、材料的耐热性和机械性能来确定。如果印刷车速快、墨层面积又大又厚、使用的溶剂挥发性小，则干燥温度要升高，以达到干燥目的。印刷材料不同时，要注意干燥温度的不良影响而进行适当调节。根据现有的印刷条件和工艺，常用印刷材料 BOPP 类的干燥温度以 50～75 ℃（实际）为宜；BOPA、BOPET 的干燥温度以 50～80 ℃（实际）为宜；未拉伸的 PP、PE 类的干燥温度以 40～65 ℃（实际）为宜。

2. 张力控制

软包装印刷张力控制

张力要根据薄膜的种类和抗拉伸强度来确定。例如 CPP、PE 的抗拉伸强度较弱，薄膜容易拉伸变形，因此张力相应要小一点；BOPP 、BOPA、BOPET 等抗拉伸强度较强的薄膜，张力可相应大一点。收卷张力越大，薄膜收卷越整齐，但太大易造成产品反粘，因此收卷张力不宜过大，一般以产品不反粘、收卷整齐不滑动为准。张力与薄膜的厚度、宽度等因素有关，一般来讲，张力与宽度和厚度成正比，厚度越厚，宽度越大，张力越大。

3. 套印控制

软包装印刷套印控制

承印材料上的套印标记通过光电眼时产生信号，套印控制原理如图 1－36 所示，每个电眼均是以前一色为基准，确定当前色标与前一色色块之间的距离是否为 20 mm，距离正确时，则表示图案套印准确，若距离大于 20 mm，则这一色的印刷印版将会自动增大转动速度，确保距离为 20 mm，反之亦然。

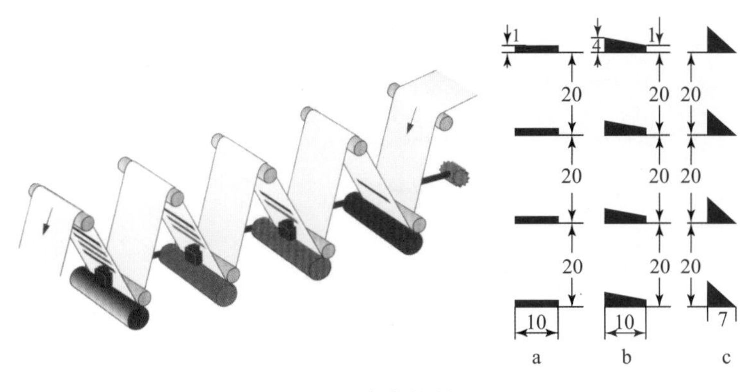

图 1－36 套印控制原理

软包装印刷质量控制

4. 质量控制

1）套印不准

多色套印过程中，颜色间没有完全重叠，会有一定偏差，如果偏差超过标准（一般主画面≤0.2 mm，次要画面≤0.35 mm），就成为不合格品（图 1－37）。

图 1－37 套印不准

2）刀线现象

刀线现象也称刮墨刀痕，指出现在印品表面的线状油墨痕迹或线状空白。线条的形态各异，有些有油墨，有些无油墨，有些连续，有些断续。如果刮墨刀刃口损坏，则会出现多线条（图 1－38）；如果油墨中有杂质，则会缺线条（图 1－39）；如果有油墨颗粒，则会出现断续性刀线（图 1－40）；等等。

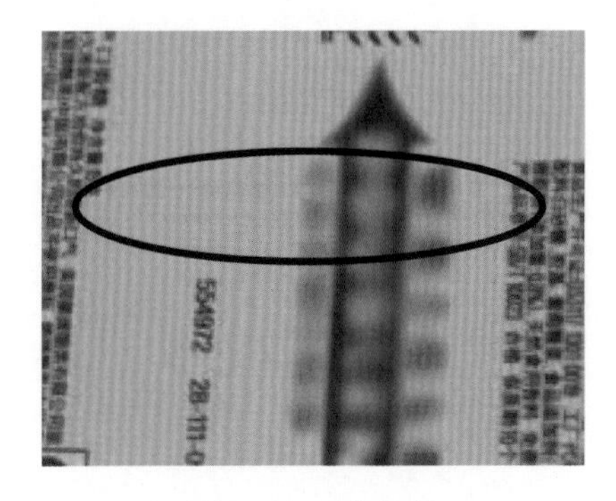

图 1－38 多线条

图 1－39 缺线条

图 1－40　断续性刀线

3）色差

色差指的是印刷品与客户确认的打样稿、彩稿、样品的色相不一致或存在差距，如图 1－41 所示。

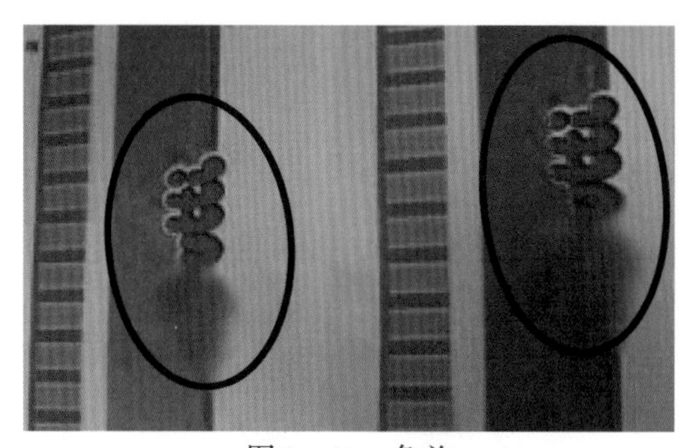

图 1－41　色差

4）漏印

漏印是指因压印胶辊不平及压印胶辊压力不足等问题造成印刷图案或文字不完整，如图 1－42 所示。

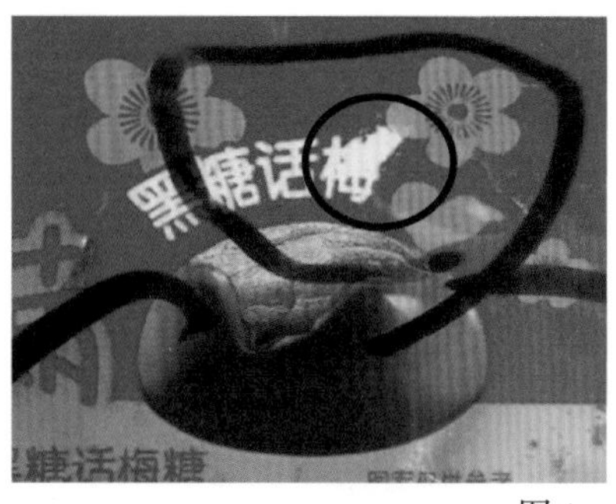

图 1－42　漏印

5）粘连现象

粘连现象是指印刷收卷后，印刷面上的油墨与另一个接触面（通常是薄膜的背面）相粘边或油墨附着到另一个接触面，如图 1－43 所示。

6）堵版现象

因墨穴中油墨残留率提高造成堵版，发生堵版现象以后，印刷图案和文字会模糊不

清，印刷颜色会变化，严重时甚至无法继续进行印刷（图1－44）。

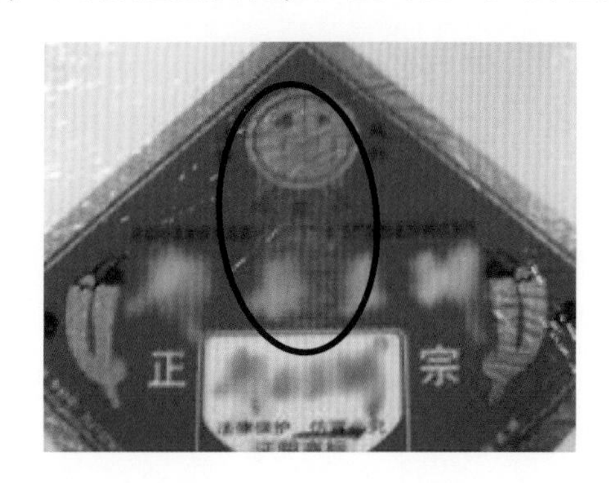

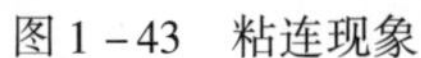

图1－43　粘连现象

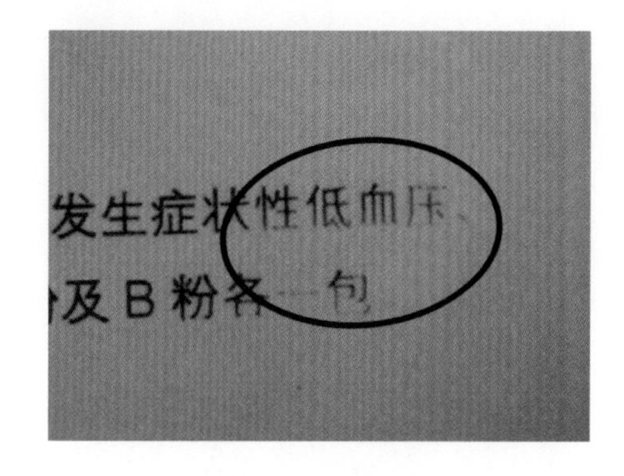

图1－44　堵版现象

7）毛刺现象

干燥的空气与基材膜摩擦后产生静电，排斥转印在基材的油墨，从而使油墨飞溅，就会导致产生毛刺。毛刺现象通常出现在文字、图案的边缘（图1－45）。

8）溅墨

溅墨指印刷时墨点飞溅到料带上，污染印品表面，此现象多出现在料带边缘。通常油墨黏度低、速度偏高、印版两端防护不当时容易出现此类缺陷（图1－46）。

图1－45　毛刺现象

图1－46　溅墨

任务四　海苔软包装背封袋无溶剂复合工艺

无溶剂复合是采用无溶剂类胶黏剂及专用复合设备使薄膜状基材相互贴合，然后经过胶黏剂的化学熟化反应处理后，使各层基材粘接一起的复合方式。该工艺具有经济性、安全性，且在环境保护方面有优势，逐渐成为塑料复合薄膜的一种重要的加工方法。

软包装无溶剂复合工艺

一、无溶剂复合机单元

无溶剂复合机主要组成结构有第一放卷单元、涂布单元、第二放卷单元、复合单元、收卷单元，如图1－47所示。

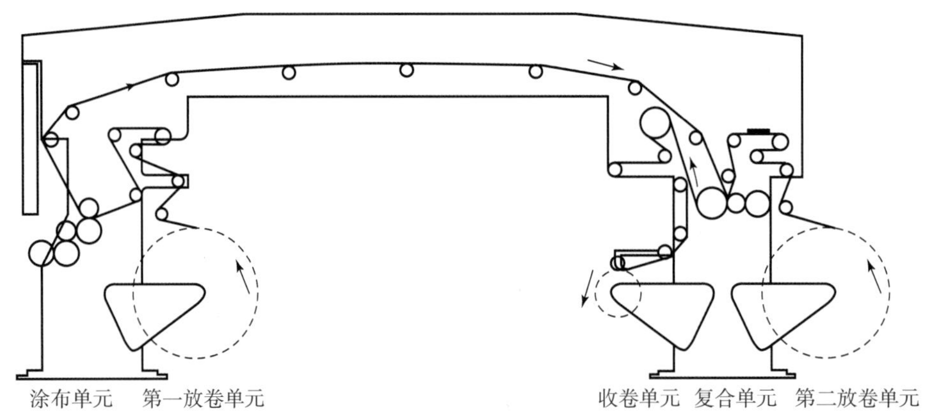

图 1－47　无溶剂复合机

（一）放卷单元

第一放卷（主放卷）膜要求刚性较大、形变较小、涂布性能好；第二放卷（副放卷）膜一般采用易拉伸、形变大的薄膜。

（二）涂布单元

涂布单元是无溶剂复合机的中心部分，胶黏剂在此混合、加热、计量和涂布。涂布单元主要有混胶系统和涂布上胶系统。

1. 混胶系统

无溶剂复合胶黏剂一般采用双组分胶黏剂，分为主剂（—NCO）和固化剂（—OH）。混胶时，将主剂和固化剂两组分原料，按照配方所确定的比例，用计算机精确控制并稳定地输送到混合头，借助高压产生的速度，在混合头内相碰的瞬间，实行充分混合，如图 1－48 所示。配胶时严格按照说明书的比例进行配比，如图 1－49 所示，同时为了防止异氰酸根与水发生反应，要求胶罐密封。

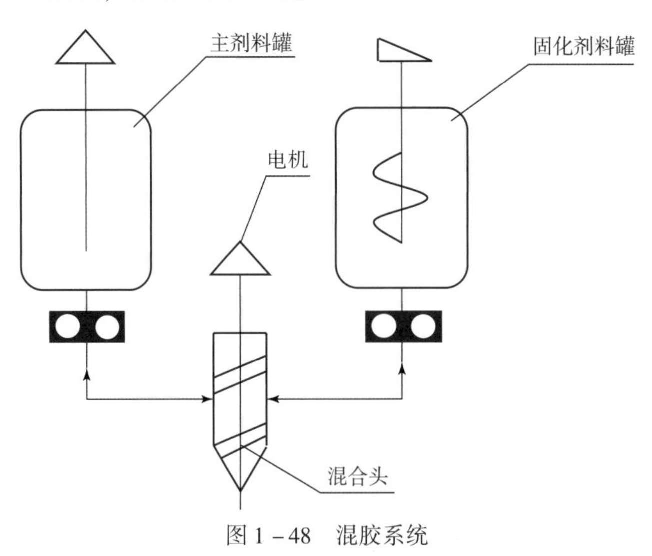

图 1－48　混胶系统

固化剂		主剂
55.0	比例/%	100
1	最小压力/bar	1
50	最大压力/bar	50
1	实际压力/bar	1
0.980	比重/(kg/L)	1.120

图 1－49　配胶比例

2. 涂布上胶系统

无溶剂复合涂布上胶系统采用多辊结构，利用间隙、速度和压力来控制涂胶量，对零部件加工安装精度、控制要求较高。目前国内无溶剂复合设备多采用五辊涂布上胶系统，包括计量辊、转移钢辊、转移胶辊、涂布钢辊和涂布压辊，如图 1－50 所示。

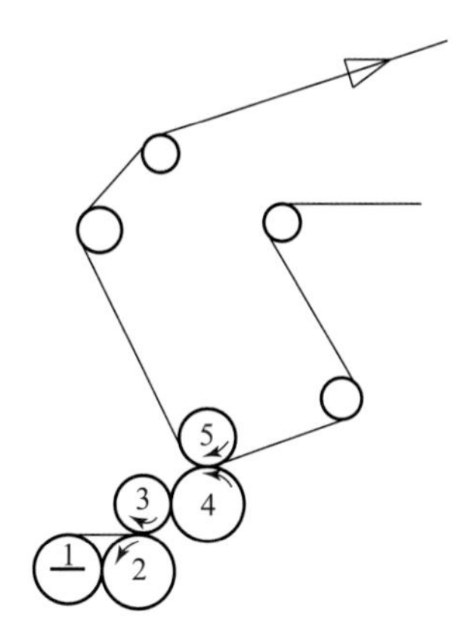

图 1－50　涂布上胶系统示意图

1—计量辊；2—转移钢辊；3—转移胶辊；4—涂布钢辊；5—涂布压辊

其中计量辊固定不转动，其作用是对转移胶辊起刮胶作用，必要时可用手转动此辊进行清洗而无须停机。胶水储存在计量辊和转移钢辊之间的精微调节的间隙中。转移胶辊、转移钢辊和涂布钢辊分别由单独伺服电机驱动，三者之间拥有一个合理的转速比，可调节控制上胶量。工作时黏合剂在转移钢辊、转移胶辊、涂布钢辊之间均匀涂布。根据制品要求，只需调节转移钢辊、转移胶辊相对涂布钢辊的速度即可得到所需涂布量。

（三）复合单元

在适当压力下，将已涂胶的第一基材和另一基材复合在一起。

（四）收卷单元

将黏合后的复合膜在适当的张力和收卷压力下进行卷取。

二、无溶剂复合工艺

<table>
<tr><td colspan="10">无溶剂复合工艺单</td></tr>
<tr><td colspan="2">产品结构</td><td colspan="3">BOPP28/CPP30 低温热封</td><td>工艺流程</td><td colspan="4">印刷—复卷—无溶剂复合—熟化—分切—包装</td></tr>
<tr><td colspan="2">重复长度/mm</td><td colspan="2">320×230</td><td colspan="2">印刷膜出卷方向</td><td colspan="4">头先出</td></tr>
<tr><td rowspan="5">固定参数</td><td rowspan="4">其他参数</td><td colspan="2">收卷压力/kgf</td><td colspan="2">复合压力/kgf</td><td colspan="2">涂布压力/kgf</td><td colspan="2">转移辊压力/kgf</td></tr>
<tr><td colspan="2">3</td><td colspan="2">3</td><td colspan="2">3. 8</td><td colspan="2">3. 5</td></tr>
<tr><td colspan="2">胶罐温度/℃</td><td colspan="2">管道温度/℃</td><td colspan="2">盛胶辊温度/℃</td><td colspan="2">复合温度/℃</td></tr>
<tr><td colspan="2">45</td><td colspan="2">40</td><td colspan="2">45</td><td colspan="2">40</td></tr>
<tr><td colspan="3">黏合剂及其质量比</td><td colspan="6">MOR－FREE 698A/C－79＝100/(48～49)</td></tr>
<tr><td colspan="2" rowspan="2">复合基材</td><td rowspan="2">规格/(μm×mm)</td><td rowspan="2">电晕强度/dyn</td><td colspan="4">张力控制/kg</td><td rowspan="2">锥度/%</td><td rowspan="2">车速/(m·min⁻¹)</td></tr>
<tr><td>放卷</td><td>电晕</td><td>涂布</td><td>收卷</td></tr>
<tr><td>主放卷</td><td>BOPP</td><td>28×980</td><td>≥38</td><td>15. 0</td><td>—</td><td>22. 0</td><td rowspan="2">23. 0</td><td rowspan="2">25</td><td rowspan="2">200</td></tr>
<tr><td>副放卷</td><td>CPP</td><td>30×980</td><td>≥38</td><td>3. 0</td><td>3. 5</td><td>—</td></tr>
<tr><td rowspan="2">产品要求</td><td>上胶量/(g·m⁻²)</td><td>剥离强度/(N/15 mm)</td><td colspan="2">膜卷平齐度/mm</td><td colspan="2">表观状况</td><td colspan="2">熟化</td><td>熟化时间/h</td></tr>
<tr><td>1. 5～1. 8</td><td>≥1</td><td colspan="2">≤4</td><td colspan="2">良好、无气泡</td><td colspan="2">自然熟化</td><td>48</td></tr>
<tr><td>备注</td><td colspan="9">1. 实际生产时温度可在±5℃内波动。
2. 实际生产时张力可在±10%内波动</td></tr>
<tr><td>关键控制点</td><td colspan="9">1. 生产前清理好各导辊、复合辊、转移辊、压印辊，保证清洁无异物，防止涂胶、复合表观不良、划伤等。
2. 注意各材料不能有严重荡边，否则易起隧道折。
3. 待胶泵各温度稳定后，测试胶液配比，保证主剂、固化剂配比准确。生产中注意控制停机时间，防止主剂、固化剂迅速反应固化，造成转移不良。
4. 待盛胶辊温度稳定后，调节生产所需的间隙（用0. 1 mm的尺，转速：55%～60%），保证每个产品（每个品种）至少有一次送样检测上胶量，如果上胶量达不到要求，需调整后再次送样检测。
5. 生产中控制好各部分张力，下机成品不能卷曲较严重，防止复合部分打折和成品收缩打折，防止印刷膜拉伸。
6. 收卷用6英寸纸管，收卷适当紧一点，整齐不松卷、不串卷、卷面无菊花状，下机即用塑料胶带顺膜出卷方向在两边油墨处和中间捆紧三道。
7. 对照标准检查印刷膜，检查复合膜表观等质量，测重复长度，检查出卷方向，有问题做好标记和记录</td></tr>
</table>

（一）无溶剂胶黏剂

海苔无溶剂
复合工艺单解读

1. 单组分无溶剂胶黏剂

单组分无溶剂胶黏剂的主要成分是聚氨酯，它的特点是能与水汽反应固化。其化学结构是含有链长相对较短的异氰酸根端基的聚酯或聚醚，基材或环境中的潮气与异氰酸根作用会发生一系列聚合反应，放出CO_2，达到固化目的。

$$R—N=C=O+H_2O \rightarrow R—NH_2+CO_2\uparrow$$

2. 双组分无溶剂胶黏剂

双组分无溶剂胶黏剂的主要反应机理也是所谓的氨酯化反应，即含异氰酸根的预聚物和含羟基官能团的基料反应，或所谓的“反向”体系，即分子量较高的含异氰酸根端基的基料与含有羟基的固化剂发生加聚反应。

$$R—N=C=O+R—OH \rightarrow R—NHCOOR$$

3. 紫外固化胶黏剂

紫外固化胶黏剂的固化机理与传统的胶黏剂完全不同，目前应用较普遍的紫外固化胶黏剂属于阳离子固化类型，而阳离子固化类型主要是酸催化环氧体系。其主要的固化机理是，胶黏剂中的光引发剂被紫外光激发，分子处在高能位上，容易产生分解（路易斯酸分解），引发环氧嵌段交联聚合，得到环氧树脂的三维交联结构。

（二）无溶剂复合张力控制

软包装无溶剂
复合张力控制

由于胶黏剂分子量小、黏度低，导致无溶剂胶黏剂的初黏力比较低，因此张力控制非常严格。张力控制包括主放卷张力、涂胶后薄膜张力、副放卷张力、收卷张力、收卷锥度几个方面。

一般来说，放卷张力以副放卷张力为基准，增加主放卷张力，使之与副放卷张力匹配，让复合膜最终达到平直状态，在这前提下，放卷张力设置为不发生纵、横向褶皱时的最小张力；涂胶后薄膜张力要与副放卷张力配合，使两层膜在去除张力后两层材料回缩程度基本一致，这样就不容易出现卷曲或隧道折，判断张力是否合适的方法：在复合过程中停机，在收卷处用刀片在复合膜上划一个“×”字口，最理想的状态是划口后复合膜仍保持平整。

若有卷曲，我们还要进一步判断卷曲的原因。纵向卷曲（与薄膜的生产方向一致，如图 1－51 所示），薄膜往哪个方向卷曲，就说明这个方向的膜张力过大；横向卷曲（图 1－52）则说明复合温度过高。

本项目 BOPP 薄膜采用的放卷张力为 15 kg，薄膜涂胶后的张力要略大于主放卷张力，BOPP 为上胶膜，采用 22 kg，用来牵引上胶后的薄膜，这样 4 号涂布钢辊不需要很大的驱动电流，同时要与 CPP 回缩程度一样，CPP 薄膜容易变形，则放卷张力更小些，为 3 kg。

图 1 - 51　纵向卷曲

图 1 - 52　横向卷曲

收卷张力需要承受复合膜的回缩应力，无溶剂聚氨酯胶黏剂分子量较小，初黏力低，在操作上易引起隧道效应。对收卷张力，原则上越大越好，但绝对不允许窜卷，BOPP/CPP 复合膜的收卷张力为 23 kg。

收卷锥度指的是收卷张力随着卷径的增大而衰减的程度，由于无溶剂胶黏剂的初黏力很低，一般只有 0.2 N/15 mm 左右，如果收卷锥度很小，则收卷会越来越紧，容易造成里层的薄膜出现菊花状并起皱，若收卷锥度很小，则薄膜收卷不容易收紧，出现滑移现象。收卷锥度应控制在比较小的范围内，随着卷径的增大，张力递减程度比干式复合要慢，此产品的收卷锥度为 25% 。

（三）温度和黏度控制

无溶剂胶黏剂的黏度是通过温度进行控制的，根据胶黏剂的种类和涂胶量要求，对胶黏剂和涂胶辊等进行加热。无溶剂胶黏剂在常温下的黏度是很高的，但当温度升高时，黏度就迅速下降，这是由于聚氨酯分子链中有大量的氨基甲酸酯的结构，相邻分子间的氨基与羰基，通过氢键的形式产生分子缔合作用，使分子间吸引力增大，常温下黏度就很大。随着温度的升高，这种氢键的缔合作用被分子运动所拆散，吸引力变小，黏度明显下降，这就是无溶剂胶黏剂对温度有很大的依赖性的原因。典型的温度与黏度关系如图 1 - 53 所示。

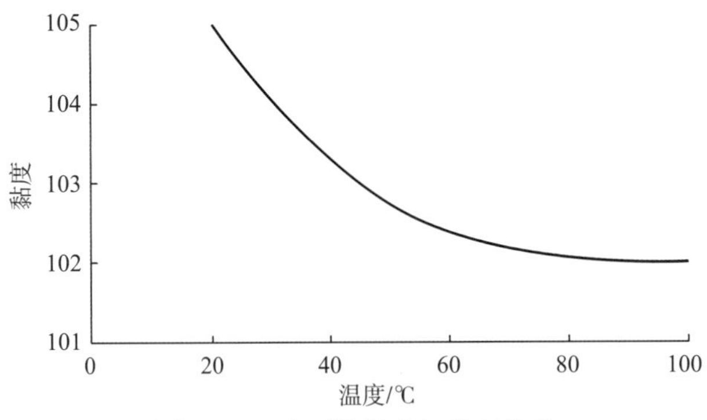

图 1 - 53　典型的温度与黏度关系

使用不同的胶黏剂，对温度的要求不尽相同。单组分胶黏剂要求加热辊的温度达 85 ~ 100 ℃，这时黏度降到 1 500 cP 以下，才可达到涂布的流动性要求。双组分无溶剂

胶黏剂，黏度相对较低，一般 50～60 ℃即可涂布，有些甚至可常温涂布。耐蒸煮的双组分无溶剂胶黏剂一般要求加热到 70～80 ℃，使黏度下降到 2 500 cP 以下。

（四）上胶量的控制

软包装无溶剂复合上胶量控制

与干式复合相比，无溶剂复合上胶量比较小，在 0.8～2.0 g/m^2，这样少的上胶量需要做到均匀涂开，要求无溶剂复合的上胶系统相当精密。

1. 上胶量调节

从本任务的工艺单可以看出，海苔包装无溶剂复合胶水主剂与固化剂的配比为 100:(48～49)。产品的上胶量为 1.5～1.8 g/m^2，上胶量的大小主要由计量辊和转移钢辊之间的缝隙决定，缝隙越大，上胶量越大，反之亦然。一般用不同厚度的钢尺来控制，如工艺单所示，根据上胶量的要求，缝隙间距设定为0.1 mm。同时转移钢辊与涂布钢辊的转速比影响上胶量的大小，两者的转速比越小，上胶量越大，此产品采用的转速比为 50%～60%。转速比与上胶量的关系如式（1－1）所示（一般仅调整转移钢辊，因为涂布钢辊的速度就是机器的速度，不会轻易发生变化）：

$$\frac{i}{i_0}=\frac{q}{q_0} \tag{1-1}$$

式中　i——速比（转移钢辊与涂布钢辊之间的速度比）；

i_0——基准速比；

q——所需涂布量；

q_0——基准涂布量。

例题：当机器速度为 300 m/min 时，即涂布钢辊的速度为 300 m/min 时，如调整转移钢辊的速度为 24 m/min，采用这样的速比，则可以获得约 0.8 g/m^2 的涂布量。要获得 1.6 g/m^2 的涂布量，则转移钢辊的速度应当相应增加，其速度应调整为多少？

解：把 $i_0=24/300$，$q=1.6\ g/m^2$，$q_0=0.8\ g/m^2$ 代入式（1－1）得

$$i=\frac{q}{q_0}\times i_0$$

$$i=\frac{1.6}{0.8}\times\frac{24}{300}$$

$$i=\frac{48}{300}$$

从以上结果可以看出，把转移钢辊的速度增加为 48 m/min 即可实现相应的上胶量。

2. 上胶量检测

无溶剂上胶量的检测可分为以下三种情况，采用差重法进行测量。

第一种情况，胶水涂布时没有涂布在油墨上，则取上胶的复合样 10 cm×10 cm，其重量为 m_1 g，洗去胶层后的重量为 m_2 g，则上胶量为 100（m_1-m_2）g/m^2。

第二种情况，胶水涂布时直接涂布在油墨上，则取上胶的复合样（AB 复合膜）、没上胶的印刷膜（A）、B 膜，取样时复合膜与 A 膜印刷图案对齐，并取 10 cm×10 cm，复合膜重量为 m_1 g，A 膜＋B 膜的重量为 m_2 g，则上胶量为 100（m_1-m_2）g/m^2。

第三种情况，若 A 膜或 B 膜的厚度不均匀，则第二种方法的误差比较大，直接在油墨上涂胶的话，可采用第三种方法，用不干胶取样 10 cm×10 cm，其重量为 m_2 g，然后粘在上胶膜上，上胶后的不干胶重量为 m_1 g，则上胶量为 100（m_1-m_2）g/m^2，在宽幅方向上取中间和两边三个点，并求平均值。

（五）无溶剂复合质量问题及解决方法

1. 橘皮状

由于上胶量过大，产生胶点，在透明区域或白色等浅色墨区域较明显（图 1－54），可以通过减少计量辊的间隙或降低转移钢辊的速度来改善。

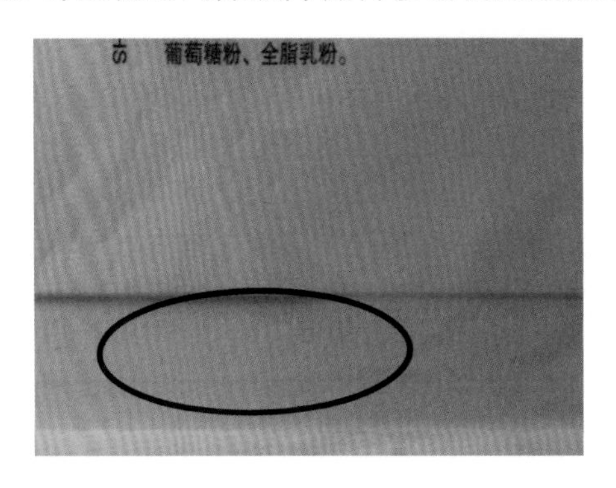

软包装无溶剂复合质量控制

图 1－54　橘皮状

2. 隧道折

隧道折通常是指刚下机或熟化后的复合膜卷表面数层复合膜的两层基材中，复合膜袋表面的“一层平直、一层拱起”所形成的类似于隧道的贯通性孔洞（图 1－55），主要是由于无溶剂复合初黏力低，两层复合张力不均，并且收卷时没有收紧或收卷锥度不合适所致。

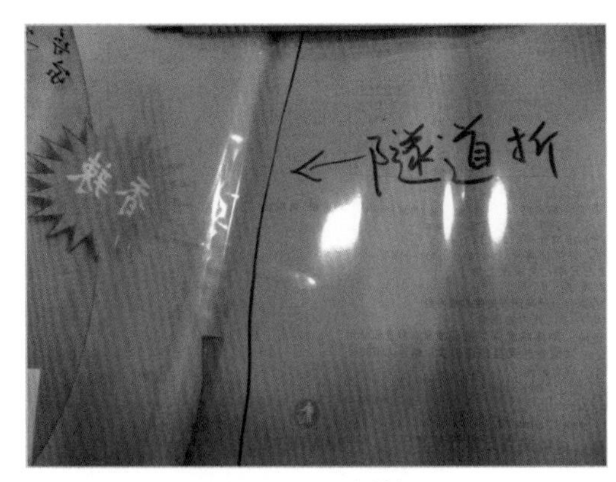

图 1－55　隧道折

3. 类似刀线

类似刀线是指印刷时没有出现刀线，但在无溶剂复合后复合膜上出现线条样，又叫类刀线（图 1－56）。其主要是薄膜在运行过程中由于各上胶辊没有被清理干净或转移胶

辊的光滑性太差或计量辊与转移钢辊间隙过小，使薄膜在运行过程中出现划痕。

4. 复合膜卷曲

复合膜卷曲指薄膜复合后复合膜呈卷曲状态（图1－57），主要的原因是复合膜两层基材的张力不匹配，我们通过画“×”来判断哪个张力过大或张力过小并进行适当调整。

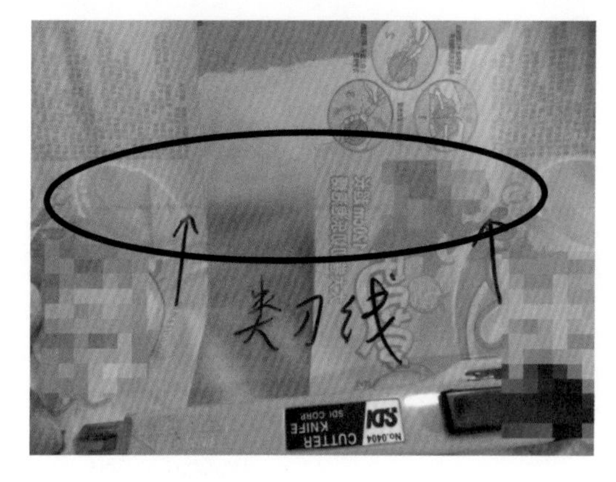

图1－56　类似刀线

图1－57　复合膜卷曲

任务五　海苔软包装背封袋分切和制袋工艺

一、分切工艺

背封机分切制袋工序工艺单			
产品结构	BOPP28/CPP30	分切尺寸/mm	550
产品规格/(mm×mm)	285长×265(0，+2)宽	定型板宽/mm	264
背封边倒向	黑光点和材料编码在外面	顶封尺寸/mm	20
开口方向	下开口	背封尺寸/mm	9
包装箱/(mm×mm)	纸箱：320×290×220	底边余量/mm	≤2
每箱装量/只	800	热封强度/(N/15 mm)	≥15
下刀位置	分切	膜卷两端透明边相等，都为9 mm，偏差≤±0.5 mm；（分切时注意控制：保证有黑光点的一侧透明边大于或等于没有黑光点的一侧透明边）	
	制袋	黑光点在袋子下端，黑光点下1 mm处下刀，偏差≤±1 mm	
打孔位置	撕裂孔：距左20 mm，上下均打 悬挂孔：直径8 mm，孔上沿距袋顶6～7 mm，左右居中（注意不能打到印刷图案）		

续表

工艺要点	1. 保证制袋尺寸。 2. 保证袋子正面图案框对正、左右居中。 3. 底边余量严格控制在 2 mm 以内。 4. 保证热封边平整、无皱褶。 5. 保证封口强度；避免过热剪切及热封不良现象。 6. 保证不漏气。 7. 背封边根部居中。 8. 保证袋子宽度不能小于 265 mm，袋子宽度不能小，走上偏差（0，+2），在保证背面图案不漏缝的情况下尽量做宽
包装要求	纸箱内用塑料膜垫好，袋子放置采用平放的形式，箱外四周封黄胶带并打“11”字包扎带 ★箱外贴两张合格证，箱内放一张合格证

分切工艺是将大规格的原膜，即印刷、复合后的膜卷通过切割加工成所需规格尺寸的工艺。

软包装背封袋工艺单解读

软包装分切

在复合软包装材料加工工艺中，分切有多种作用，主要如下。

（1）切边，切去上道工序生产中所需的工艺边料，以便于制袋或其他用途。

（2）裁切，将宽幅材料分切成各种窄规格的材料，以满足包装设备需要，满足包装规格。

（3）分卷，将大卷径的材料分成多卷小卷径的材料，便于使用。

（4）复卷，使材料换方向或使不整齐的材料卷绕整齐，使小卷拼成大卷等。

设置分切位置时，仔细认清分切成品的规格，如长度、卷径、宽度；了解特殊要求，如纸芯要求、接膜方式与数量标记方式等。接膜方式有搭接与平接之分，搭接有上压与下压方式，平接有对花接与随意接方式。

工艺单中要求膜的宽度为 550 mm，膜卷两端透明边相等，都为 9 mm，偏差≤±0.5 mm，分切位置如图 1－58 所示。

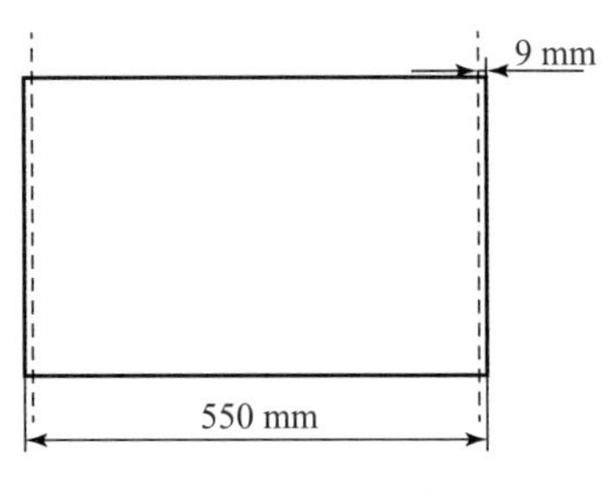

图 1－58　分切位置

二、背封袋制袋

（一）制袋工艺过程

制袋工艺过程如图1－59～图1－64所示。

图1－59　放卷

图1－60　折边

图1－61　纵封

图1－62　横封

图1－63　切袋

图1－64　收袋

（二）制袋热封控制

软包装袋大多都是采用棒式热封合，它也是整个包装袋行业中最常见的一种热封合方式。这种热封合方式主要是对热封棒温度、热封时间、热封棒与硅胶板之间压力三者进行协调，最终达到满意的封合效果。一般来说，好的封合效果应具有良好的热封强度以及完好无损的外观。

1. 热封温度

复合膜的热封温度的选择与复合基材的性能、厚度及制袋机的型号、速度、热封压力等有密切关系，直接影响热封强度的高低。

复合薄膜的起封温度由热封材料的黏流温度（t_f）或熔融温度（t_m）决定，一般比 t_f（或 t_m）高 15 ~30 ℃，热封的最高温度不能超过热封材料的分解温度（t_d）。t_f（或 t_m）与 t_d 之间的温度即为热封材料的热封温度范围，热封温度是影响和控制热封质量的关键性因素，热封温度范围越宽，热封性能越好，质量控制越容易、越稳定。

热封温度过高，易使热封部位的热封材料熔融挤出，降低了热封厚度，增加了焊边的厚度和不均匀性。虽然表观热封强度较高，却会引起断根破坏现象，大大降低封口的耐冲击性能和密封性能；热封温度低于材料的软化点，加大压力和延长热封时间均不能使热封层真正封合。

BOPP 因耐热性不高，则尽量采用较低的热封温度，而通过增加压力、降低生产速度或选择低温热封性材料来保证热封强度。

2. 热封压力

热封压力由制袋机上的压力弹簧提供。热封压力的大小与复合膜的性能、厚度、热封宽度等有关。热封压力应随着复合膜的厚度增加而增加。若热封压力不足，两层薄膜难以热合，难以排尽夹在焊缝中间的气泡；若热封压力过高，会挤走熔融材料，损伤焊边，引起断根。计算热封压力时，要考虑所需热封棒的宽度和实际表面积。热封棒的宽度越宽，所需的压力越大。热封棒宽度过宽，易使热封部位夹带气泡，难以热封牢固，一般可采用镂空的热封棒，在最后一封加强热封牢度。CPP 为非极性材料，活化能极小，所需压力较高，对热封强度、界面密封性有利。

3. 热封时间

热封时间体现制袋机的生产效率，也是影响热封强度和外观的重要因素。热封速度快，热封温度要相应提高，以保证热封强度和热封状态达到最佳值；热封时间的长短主要由制袋机的速度决定，但如果采用独立的变频电机控制热封棒的升降和送料，独立调节热封时间，而不改变制袋速度，就大大方便制袋机的操作与质量控制。

4. 热封次数

热封次数越多，热封强度越高。纵向热封次数取决于纵向焊棒的有效长度和袋长（或每次送料长度）之比。横向热封次数由机台横向热封装置的组数决定。良好的热封效果，要求热封次数达到两次以上。

热封次数（横向）

热封次数（纵向）

5. 冷却

冷却是指在一定的压力下，用较低的温度对刚熔融热封后的焊缝进行定型。冷却温度应以冷却刀不积冷凝水的最低温度为宜。

（三）制袋工艺

1. 产品规格

袋长为285 mm，袋宽为265 mm，保证袋子宽度不能小于265 mm，走上偏差（0，+2），在保证背面图案不漏缝的情况下尽量做宽（图1－65）。

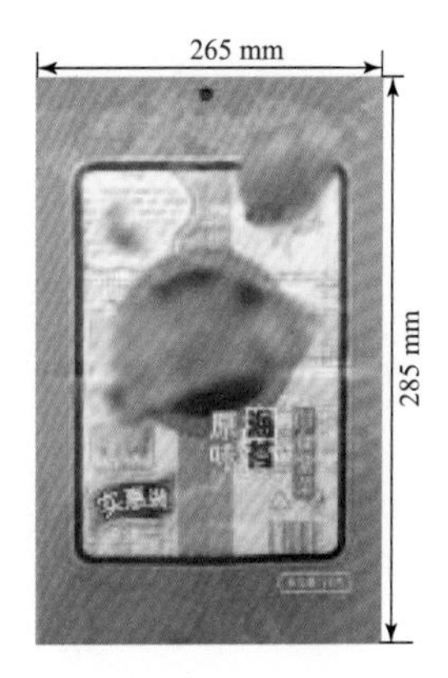

图1－65　产品尺寸

2. 定型板宽

薄膜进入定型板时导辊宽度一定要比定型板宽2～4 mm，如果比定型板窄，薄膜会被拉伤，过宽则难以确定成型尺寸。袋宽为265～267 mm，因此定型板宽设定为264 mm。

3. 封边尺寸

背封尺寸为9 mm，顶封尺寸为20 mm。

4. 打孔位置

撕裂孔：距左20 mm，上下均打。

挂孔：直径8 mm，孔上沿距袋顶6～7 mm，左右居中，如图1－66所示。（注意不能打到印刷图案。）

5. 制袋下刀位置

黑光点在袋子下端，黑光点下1 mm处下刀，偏差≤±1 mm，如图1－67所示。

图1－66　打孔位置

图1－67　制袋下刀位置

任务六　海苔软包装背封袋质量检测方案

本项目的海苔包装的要求主要是防潮，因此要求包装袋有良好的防潮性能，防潮性能体现为材料的阻湿性、封口的密封性和热封强度。同时在制袋工艺过程中要求薄膜在机器设备上能顺畅地走膜，对薄膜的摩擦系数有一定的要求。因此海苔包装必检的项目有透湿性能、热封强度、摩擦系数、密封性能、拉伸强度等。

一、透湿性能检测

透湿性检测

（一）检测原理

试验采用杯式法（称重法），是在规定的温度（40 ℃）、相对湿度条件下（90% RH），使试样两侧保持一定的水蒸气压差，测量透过试样的水蒸气量，从而计算出薄膜的水蒸气透过量和水蒸气透过系数（图 1－68）。

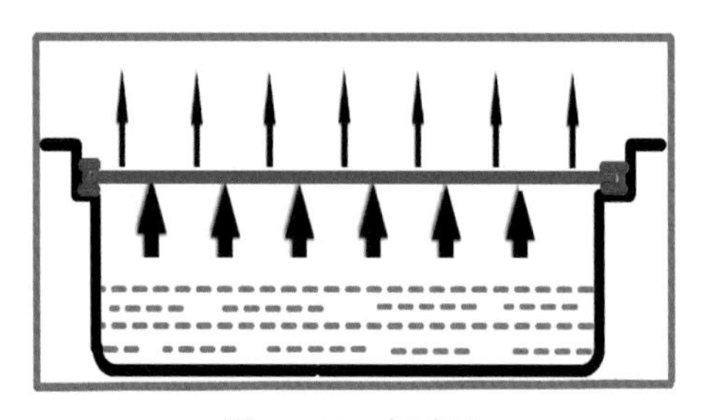

图 1－68　杯式法

（二）检测过程

1. 预处理

选择的试样应无褶皱、无污渍、无针孔和无折痕。试样应该按照当地所遵循的标准要求进行（除检测材料规格另有规定外，试样应该在干燥皿中至少放置 12 h，如图 1－69 所示）。

可采用以下三种方法进行透湿杯预处理。

（1）将擦拭干净的透湿杯及密封圈分散地放置到干燥皿 12 h 以上。

（2）用吹风机将透湿杯、盖烘干 5 min 以上。

（3）将透湿杯、盖放置到烘箱里，温度 70 ℃，烘干 20 min 以上。

注意：黑色密封圈为两套，交替使用，不使用的一套放置到干燥皿里进行干燥，备用，白色密封圈正常情况下是不会沾到水的，如果沾上水，用滤纸擦拭干净即可（图 1－70）。

2. 取样

检查取样后的样品是否有毛刺等现象（图 1－71）。

图 1－69　试样预处理

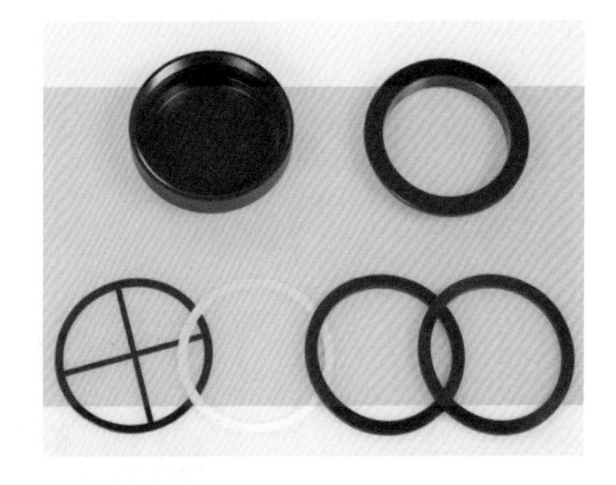

图 1－70　透湿杯预处理

图 1－71　取样

3. 装样

依次装入黑色密封圈、蒸馏水、薄膜、白色密封圈，用滴管或注射器加入二次蒸馏水，注意，蒸馏水不得沾到密封圈、透湿杯螺丝等位置，否则用滤纸擦拭干净。蒸馏水量加至密封圈下端面约 5 mm，水量大约 10 ml。整个装样过程不要让透湿杯发生晃动，以免水沾到试样上造成测试数据偏大，如图 1－72 所示。

图 1－72　装样

4. 放样

打开仪器试验腔门，确保透湿杯底部无粘接其他物质，依次将透湿杯放置在透湿杯托盘上（图 1－73）。

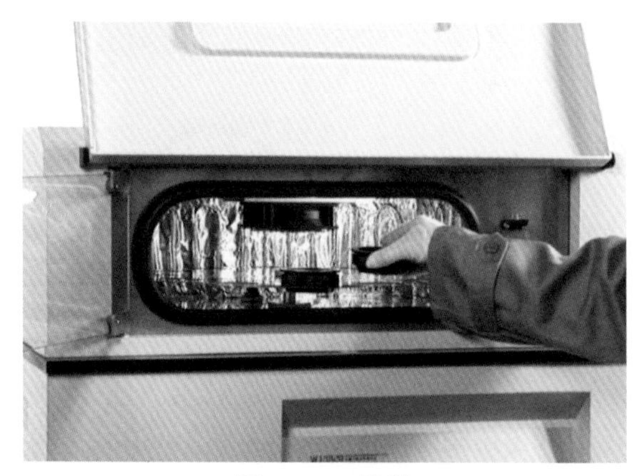

图 1－73　放样

5. 参数设置

通用参数设置：试样名称、操作者、设备型号、温湿度值、执行标准和试样面积等，会体现在实验报告中。

实验参数设置：勾选透湿杯号；试验腔温度为 40 ℃；透湿杯湿度差为 90% RH；P. I. D 在设备出厂时已设置好默认值；试验速度可选择中、低、高三种速度；测试间隔时间为透湿杯称重间隔时间，由材料的透湿量来决定，一般的规律如表 1－10 所示。

表 1－10　透湿杯称重间隔时间一般的规律

试样类型	称重间隔时间/min
WVTR > 25 g/m^2 · 24 h	15
5 g/m^2 · 24 h < WVTR ≤ 25 g/m^2 · 24 h	30
0.5 g/m^2 · 24 h < WVTR ≤ 5 g/m^2 · 24 h	45
WVTR ≤ 0.5 g/m^2 · 24 h	60

每一项设置单击确认后，所有的灯显示绿色，表示各项参数设置完成，单击“保存”按钮即可，如图 1－74 所示。

6. 试验

当温湿度达到设定值时，仪器自动称量透湿杯，并测试出材料的透湿量值。

试验说明：

（1）如果试验进行 1 h 以上，湿度差仍然达不到 90% RH，并能听到仪器内部有进气的声音，应该是干燥剂的干燥能力达不到要求，此时将分子筛放到烘箱中，烘箱温度设定为 250 ℃，加热 4 h 后关闭烘箱电源，不要打开烘箱门，当温度自然冷却到 80 ℃左右时，再将分子筛装入干燥装置中进行试验。

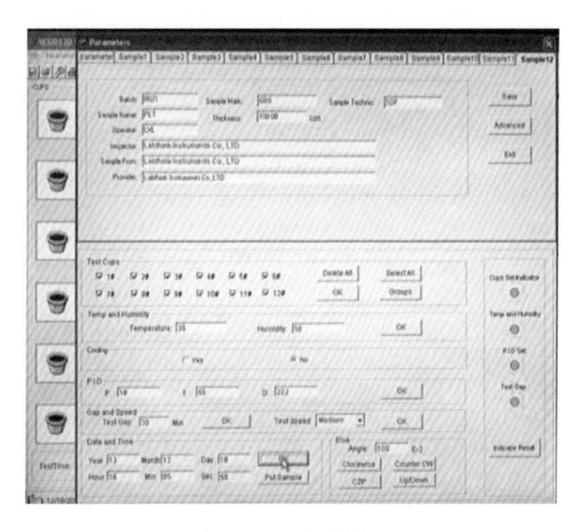

图 1－74　参数设置

（2）试验过程中仪器周围严禁有任何振动，否则影响测试数据。

7. 试验结束

当达到判断条件时，系统自动计算出透湿量和透湿系数，试验结束时，软件会出现对话框：试验全部结束，单击“确定”按钮，单击工具栏中的“停止”按钮，系统自动弹出对话框，保存数据，如图 1－75 所示。

图 1－75　实验数据处理

二、热封强度检测

袋子热封强度检测

（一）检测原理

利用万能拉力机对试样进行热封强度试验拉伸，不断加大拉伸负荷，直到热封部分破裂为止。读取试样断裂时的最大载荷（N/15 cm），即为试样的热封强度。

（二）检测过程

1. 预处理

试样应无褶皱、无污渍、无针孔、无折痕。试样应按照当地遵循的标准要求进行，除检测材料另有规定外，试样应在温度（23 ±2）℃、湿度（50 ±5）% RH 的环境条件下至少放置 4 h。

2. 取样要求

标准 QB/T 2358（ZBY 28004）中要求：试样宽度（15 ± 0.1）mm，展开长度（100 ±1）mm，若展开长度不足（100 ±1）mm，可用胶粘带粘接与袋相同材料，使试样展开长度满足（100 ±1）mm 的要求，拉力机夹具间距离为 50 mm，如图 1 –76 所示。

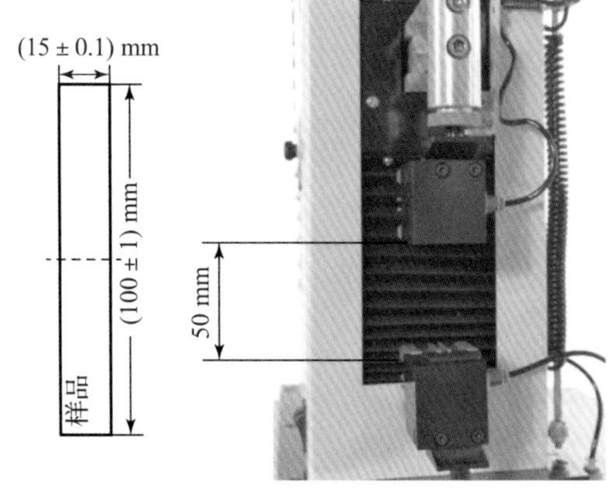

图 1 –76　取样要求

3. 取样

试样边缘应光滑，不能出现缺口或毛边现象，否则试验时容易在缺口或毛边处出现断裂现象（图 1 –77）。

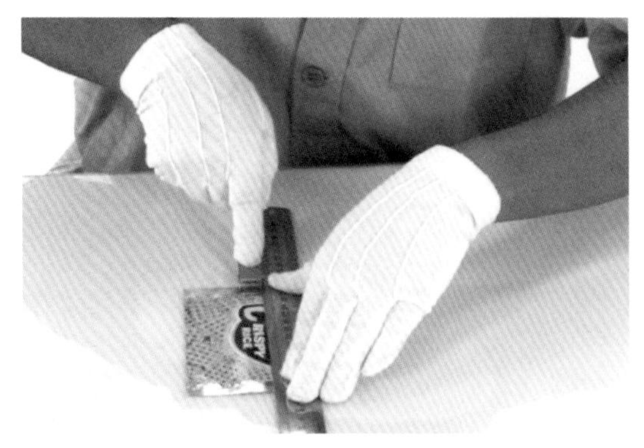

图 1 –77　取样

4. 参数设置

选择热封强度测试，并进行参数设置，参数的长度为 50 mm，宽度为 15 mm，速度为 300 mm/min，按试验键，进入“待机”屏幕（图 1 –78）。

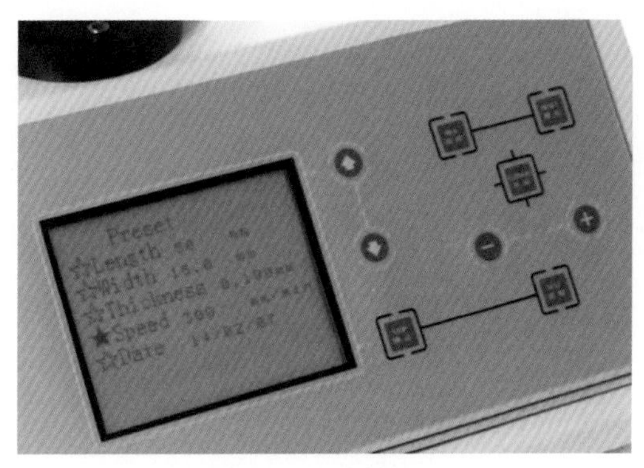

图 1－78　参数设置

5. 试样装夹

调整试样夹具间距离为 50 mm，并用上下夹具夹紧试样（图 1－79）。

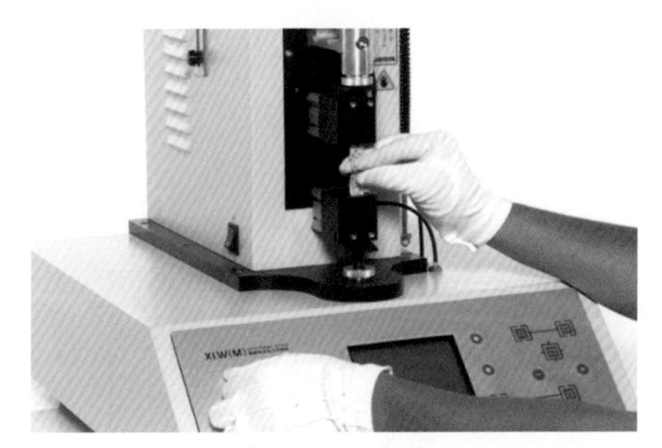

图 1－79　夹样

注意：装夹试样时，不要人为地拉紧试样，否则会使传感器受力，从而影响数据，试样也不能过松，否则出现弯曲现象，会影响变形率，试样自由下垂，没有弯曲即可。

6. 试验结束

当试样被拉断，上夹具停止运行，试验结束，夹具自动回位（图 1－80），试验数据自动出现在显示屏上。

图 1－80　试验结束

三、摩擦系数检测

摩擦系数检测

（一）检测原理

使用一个试验板，将一个试样用双面胶或其他方式固定在试验板上，另一试样裁切合适后固定在专用滑块上，然后将滑块放置在试验板的试样中央，并使两试样平行滑动，计算机将直接计算出试样的动摩擦系数和静摩擦系数。

（二）检测过程

1. 预处理

试样应无褶皱、无污渍、无针孔、无折痕、无灰尘等，以免改变表面性质。按照标准要求进行，除检测材料另有规定外，试样应在温度（23 ±2）℃、湿度（50 ±5）% RH 的环境条件下至少放置 4 h。

2. 取样要求

裁取试样 63. 5 mm ×90 mm 或硬质试样裁取 63. 5 mm ×63. 5 mm 包在滑块上，裁取试样 80 mm ×350 mm 放在仪器滑动平台上，在取样时应注意试样摩擦区域禁止用手接触，裁取试样时注意分清测试面与摩擦方向（图 1 –81）。

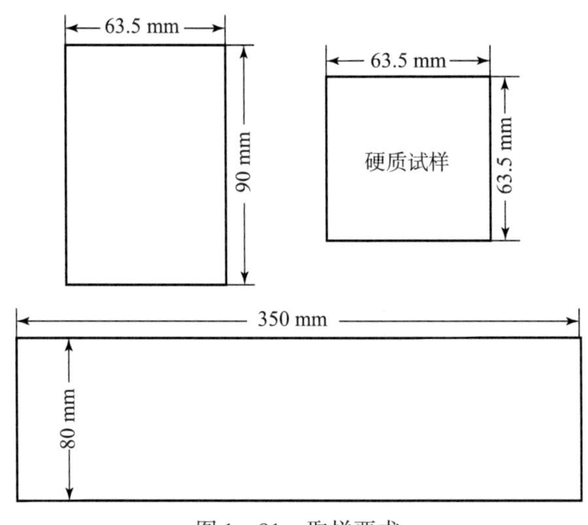

图 1 –81　取样要求

3. 参数设置

量程：滑块的重量，普通的复合膜选择“10 N”，若摩擦系数特别低，易打滑，可以选择“20 N”，需要在滑块上加砝码。

速度：按 GB 10006 规定的速度为 100 mm/min。

温度：温度对摩擦系数的影响比较大，以复合膜在实际应用时的温度为准，若室温没有达到设定温度，单击“开启加热”。

系统参数：默认。

参数设置如图 1－82 所示。

Preset
Parameters
Batch
Amount
SampleID
Technics
Standard　ASTM
Sample
Width　mm
Inspector
Sample from
Manufacturer
Operator
Unit
TestName
Range
Humidity
Testdate　2/20/2014
Length　34　mm
Thickness　mm
Save
Cancel
Backward
Wait time　2　OK
Temperature set
Temperature　OK
PID parameters
OK
Heat
On　Off　OK
think

图 1－82　参数设置

4. 装夹试样及试验

装夹试样及试验如图 1－83～图 1－86 所示。

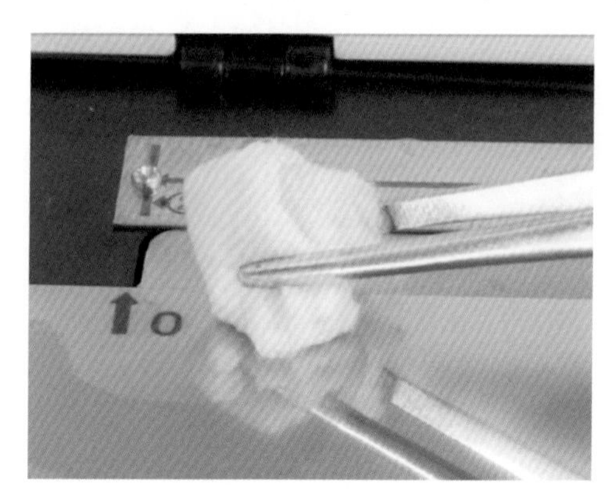

图 1－83　擦拭试验板

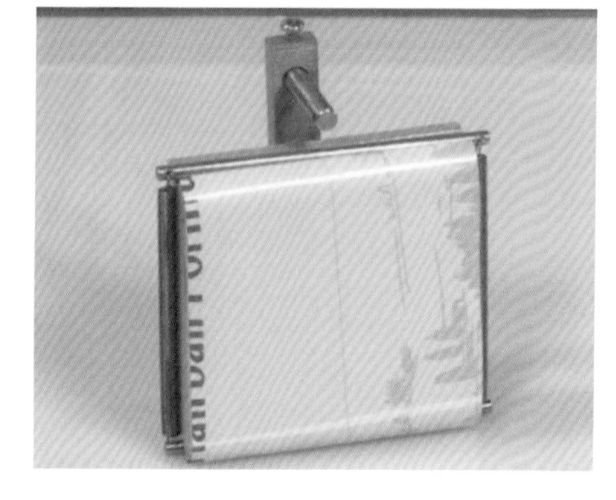

图 1－84　包滑块

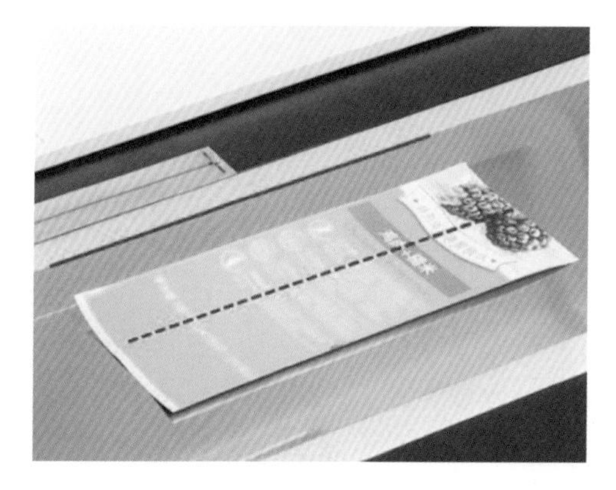

图 1－85　粘样

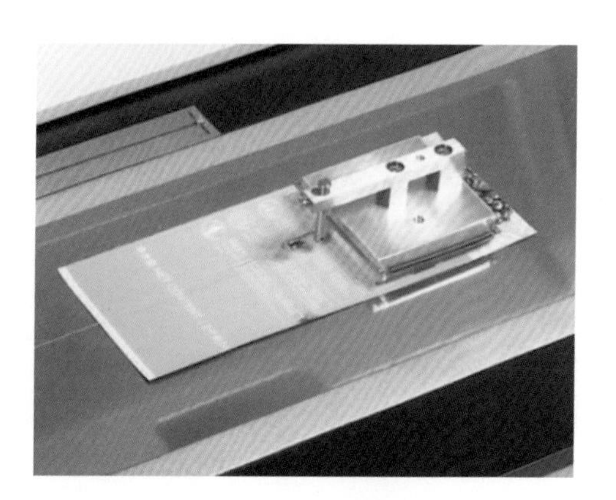

图 1－86　放置滑块

5. 试验

在试验过程中，滑块与样品之间先相对静止，然后均匀滑行，不能出现黏滑的现象，并且一直保持平行状态（图 1 – 87）。

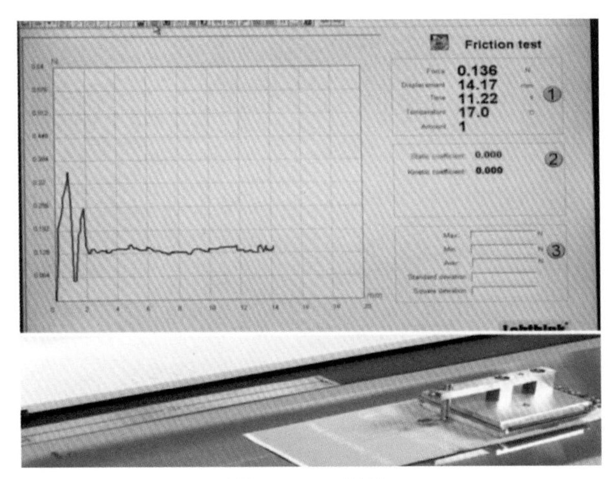

图 1 – 87　试验

6. 试验结果

试验结束后，计算机会自动计算出静摩擦系数和动摩擦系数，根据实际需要进行数据的记录，并进行数据的分析（图 1 – 88）。

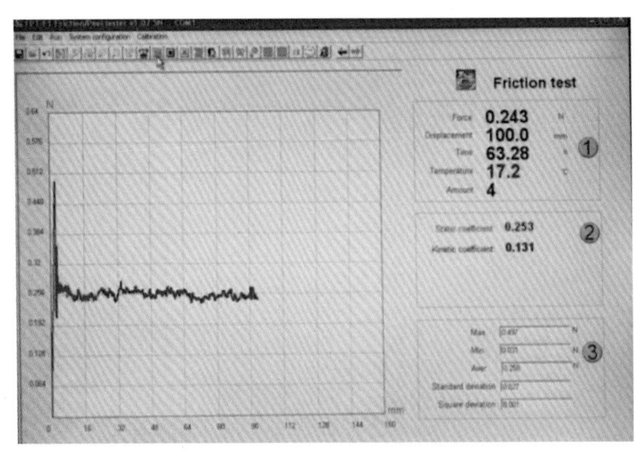

图 1 – 88　试验结果

四、密封性能检测

密封性检测

（一）检测原理

密封性能检测仪连接到一个测试室，通过对测试室抽真空，试样浸没于真空室内水下并产生内外压差，观测试样膨胀及释放真空后是否出现连续气泡或爆袋现象，以此判定试样的密封性能。根据产品要求，将真空度调至 20 kPa、30 kPa、50 kPa、90 kPa，到达一定真空度时停止抽真空，并将该真空度保持

3 min、5 min、8 min、10 min。

（二）检测过程

1. 试验选样

应选取无褶皱、无针孔、无污渍的试样（密封包装物）至少3件。

2. 参数设置

分别进行时间参数和压力参数的设置，如图1－89、图1－90所示。

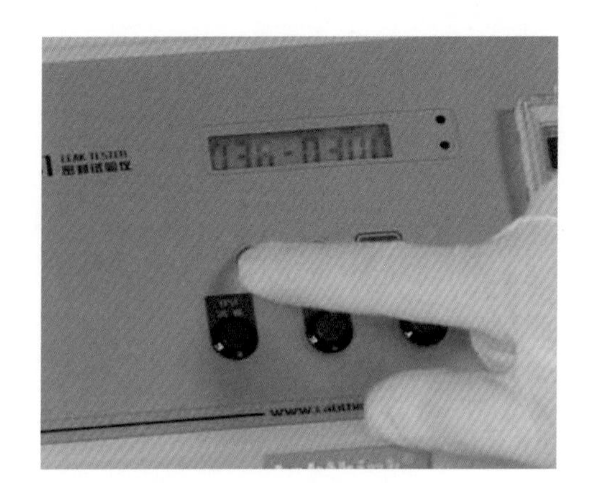

图1－89　时间设置

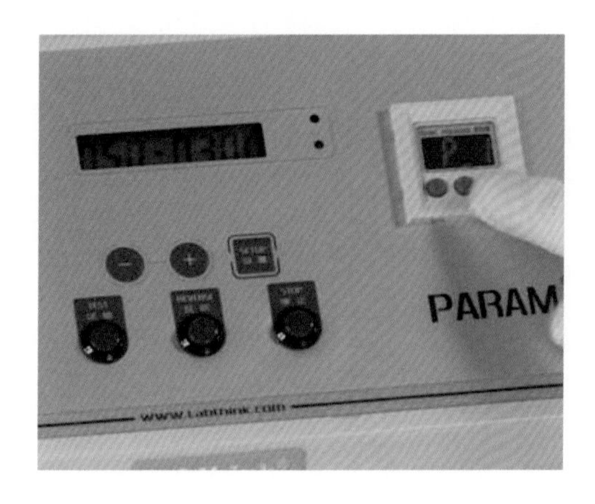

图1－90　压力设置

3. 试验

单击“试验”，开始抽真空，达到设定的真空度后，开始倒计时（图1－91）。

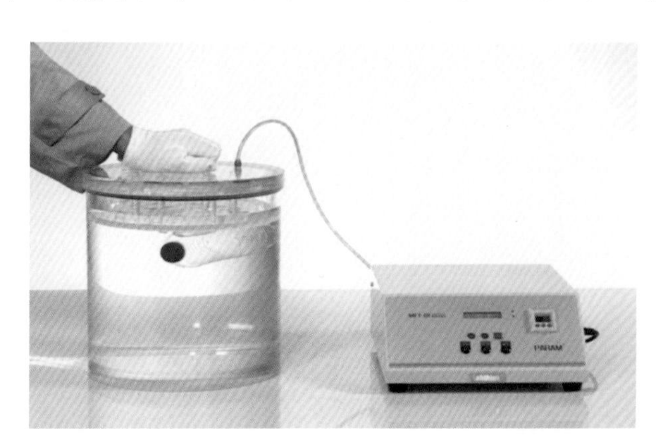

图1－91　试验

注意：试验结束，若不按“反吹”键进行排气处理，密封盖打不开。

4. 试验结果的判断

试验过程中，观察试样是否有连续的气泡产生，若有连续的气泡产生，说明试样不合格；若仅有单个孤立的气泡产生，不视为试样泄漏（图1－92）。

图1－92　试验结果判断

五、拉伸强度检测

拉伸强度检测

（一）检测原理

拉伸强度指单位截面薄膜在拉伸断裂时的拉力，表示物质抵抗拉伸的能力。拉伸强度的计算公式如下：

$$\sigma = \frac{F}{A} = \frac{F}{b \cdot d}$$

式中　σ——拉伸强度；

F——把薄膜拉断裂时的力；

A——薄膜截面积；

b——薄膜宽度；

d——薄膜厚度。

断裂伸长率指当进行断裂拉伸试验时，薄膜样品断裂时薄膜长度增加的百分率。该值用来衡量薄膜在未断裂时的延伸能力。其计算公式如下：

$$\varepsilon = \frac{\Delta L}{L_0}$$

式中　ε——断裂伸长率；

ΔL——伸长的长度；

L_0——夹具之间的距离。

（二）检测过程

1. 预处理

试样应按照当地所遵循的标准要求进行（除检测材料规格另有规定外，试样应在温度（23±2）℃、湿度（50±5）% RH 的环境条件下至少放置4 h）。

2. 选样与取样

试样应无褶皱、无污渍、无折痕；取样要求宽度15 mm、总长度150 mm的长条形试样，试样边缘应该平滑无缺口，可用放大镜检查，舍去边缘有缺陷的试样（图1－93）。

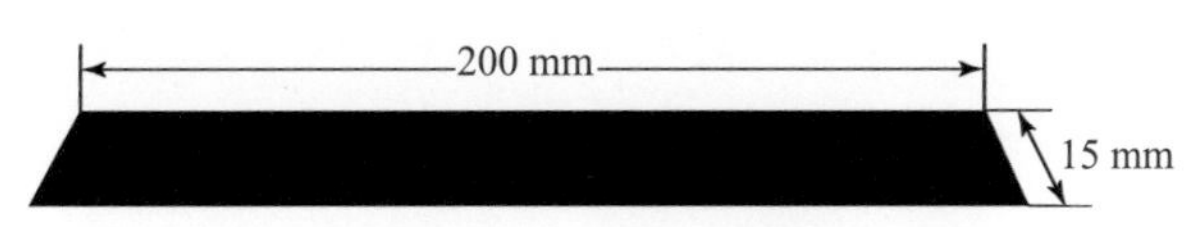

图1－93　选样与取样

3. 参数设置

参数设置如图1－94所示。

图1－94　参数设置

拉伸强度检测需要设置的参数为长度（100 mm）、宽度（15 mm）、厚度（测厚仪测定）、速度（100 mm/min或250 mm/min），试验速度一般可以根据材料的断裂伸长率来确定，若材料的断裂伸长率＜100%的用（100±10）mm/min速度，断裂伸长率≥100%的用（250±50）mm/min速度。

4. 试样装夹

试样装夹如图1－95、图1－96所示。

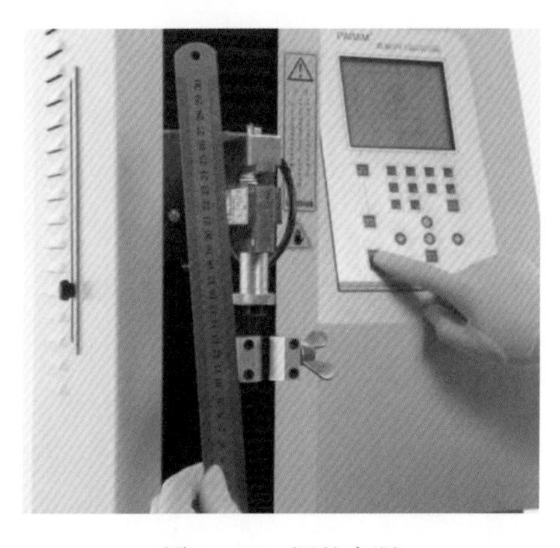

图1－95　调整夹距

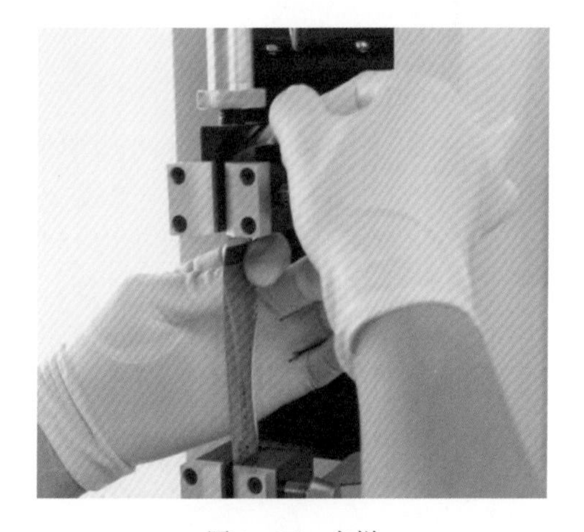

图1－96　夹样

当显示板出现“待机”状态时，通过板面上的“微升”和“下降”键，调整夹具之间的距离为100 mm。装夹试样时，不要人为地拉紧试样，以免造成传感器受力，从而影响数据，试样只要自由下垂即可。

5. 试样结果

试样结果如图 1－97 所示。

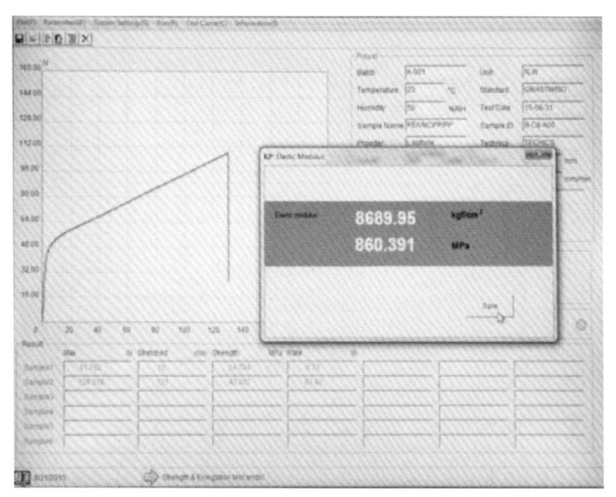

图 1－97　试样结果

试验结束，显示板会出现拉伸强度（MPa）、拉伸力（N）和断裂伸长率（%）。

任务七　海苔软包装背封袋报价

袋子价格计算公式如下：

袋子价格＝平方单价×产品尺寸（袋子展开面积）

一、平方单价

平方单价计算公式如下：

平方单价＝(原料平方单价＋综合加工费)×(1＋毛利率)

原料平方单价＝密度×厚度×材料单价×(1＋耗损)

(印刷膜耗损为 15%，非印刷膜耗损为 10%)

综合加工费＝印刷＋复合＋分切＋制袋（都以平方单价计算）

式中　印刷——0.5 元/m^2（视油墨的面积而变化）；

复合——0.25 元/m^2（加一层多加一次）；

分切——0.06 元/m^2；

制袋——0.15 元/m^2。

二、产品面积

背封袋的面积（单位：mm^2）如图 1－98 所示。

热封边的宽度一般为 8～10 mm，若袋宽为 a、袋长为 b，则背封袋的面积为 $b\times(2a+20)$。

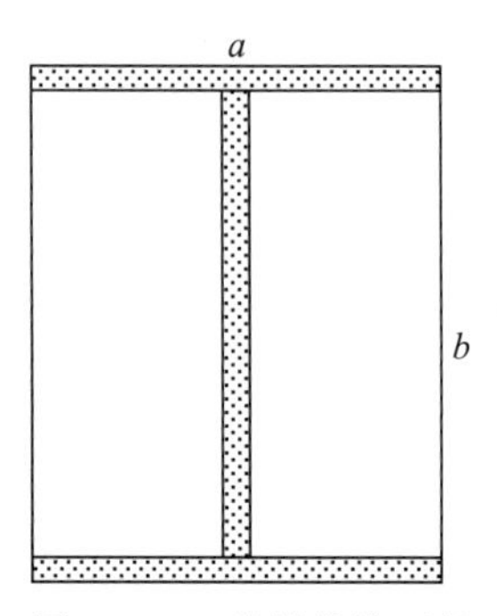

图 1－98　背封袋的面积

三、制版费

对于首次下单的产品，在袋子报价的同时还需要加上印刷的制版费，每个印刷颜色需要制作一根印版。

$$制版费 = 版长 \times 版周 \times 单价(0.25\ 元/cm^2) \times 印刷数色$$

例题：海苔包装袋的材料为 BOPP28/CPP30，袋型为背封袋，规格是 230 mm × 320 mm，六色印刷，该袋子的价格为多少元？制版费为多少元？

材料密度根据表 1-11 查询。

表 1-11　材料密度

英文代号	名称	密度/($g \cdot cm^{-3}$)	材料厚度规格/μm
BOPP	双向拉伸聚丙烯膜	0.91	19、20、28、38
CPP	未拉伸聚丙烯膜	0.91	20～70

根据市场价格，已知 BOPP 薄膜的价格为 16 700 元/吨，CPP 薄膜价格为 16 800 元/吨，查表得 PP 的密度为 0.91 g/cm^3。计算该包装袋价格。

解：(1) 原料平方单价：

$$\begin{aligned} BOPP28\ 平方单价 &= 密度 \times 厚度 \times 单价(元/kg) \times (1+15\%) \\ &= 0.91 \times 0.028 \times 16.7 \times 1.15 = 0.489(元/m^2) \end{aligned}$$

$$\begin{aligned} CPP30\ 平方单价 &= 密度 \times 厚度 \times 单价(元/kg) \times (1+10\%) \\ &= 0.91 \times 0.030 \times 16.8 \times 1.1 = 0.505(元/m^2) \end{aligned}$$

(2) 综合加工费：

海苔包装需印刷、复合、分切和制袋工艺，则

$$综合加工费 = 0.5 + 0.25 + 0.06 + 0.15 = 0.96\ (元/m^2)$$

(3) 海苔包装袋面积（设热封边宽度为 10 mm）：

$$包装袋面积 = (0.23 + 0.01) \times 2 \times 0.32 \approx 0.154\ (m^2)$$

(4) 袋子的报价：

根据海苔包装的加工难易程度定毛利率，假设毛利为 20%，则

$$\begin{aligned} 海苔包装价格 &= (原料平方单价 + 综合加工费) \times (1 + 毛利率) \times 面积 \\ &= (0.994 + 0.96) \times (1 + 20\%) \times 0.154 \\ &= 0.361\ (元) \end{aligned}$$

即一个袋子的价格为 0.361 元。

(5) 制版费：

背封袋的排版方式要求卷膜长度方向（印刷方向）与背面热封边一致。

根据袋子的尺寸，两边需留空 10 mm 设置印刷套印线等。

版长：印版的宽度，一般由生产设备印刷机、复合机、分切机的宽幅决定，一般情况下不超过 1 m，需要跟客户沟通。海苔包装展开后的版长尺寸为 320 mm，排三个袋子，加上两边留空 10 mm 的印刷套印线，则版长为 320 × 3 + 20 = 980 (mm)，如图 1-99 所示。

图 1－99　版长

版周：印版转动一圈的长度，印版版周的合适尺寸为 400～700 mm，最适合的尺寸为 500 mm 左右。海苔包装版周方向排 2 个袋子，则版周为 230×2＝460（mm），如图 1－100 所示。

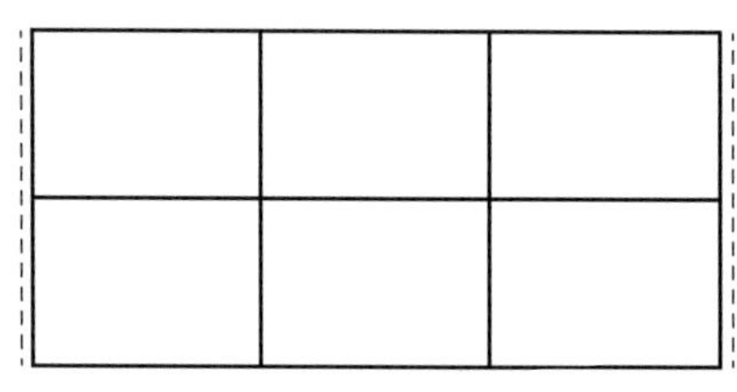

图 1－100　版周

$$
\begin{aligned}
\text{海苔包装的制版费} &= 0.25\ \text{元/cm}^2 \times \text{版长(cm)} \times \text{版周(cm)} \times \text{色数} \\
&= 0.25 \times 98 \times 46 \times 6 \\
&= 6\ 762\ (\text{元})
\end{aligned}
$$

学习情境二

果冻盖膜设计与加工

任务一　果冻盖膜要求分析及选材

一、果冻盖膜的要求分析

果冻包装要求分析

在食品工业中，果冻的生产原料主要是卡拉胶、甘露胶、白糖及钙、钠、钾盐等，果汁型果冻还提供水果的营养成分。一般情况下，影响果汁型果冻质量的主要因素有氧气、酶促反应、化学反应和微生物等。氧气是果汁变质的物质基础，酶促反应、果汁中维生素的氧化均需要氧的参与，大部分微生物的成长繁殖也和氧的存在有关，同时，为避免微生物引起的酸败，果冻包装时需要高温杀菌处理，杀菌时温度控制在 80～85 ℃。

果冻盖膜要与杯体有易撕性，但还要有一定强度，确保封口不漏气，一般要求热封强度为 4～6 N/15 mm，在与杯体热封成型后，经过杀菌或冷藏后盖膜不可向上卷曲或不平整，应向下卷曲或与杯体边缘包裹后中间收紧呈凹状效果最佳，同时中间收紧成凹状效果更佳。

二、果冻盖膜的材料选用

果冻盖膜的材料要求是阻氧气性能好，并且能耐 85 ℃高温，同时与杯体之间的热封强度在一定范围内。根据以上要求分析，本项目采用材料结构 BOPA15//EVOH55/PT1450－30。

（一）BOPA 材料

1. BOPA 性能

BOPA 材料特性

BOPA 薄膜为双向拉伸尼龙膜，企业里也经常用 ON 或 NY 来表示，常用的规格为 15 μm，BOPA 薄膜的特性如下。

（1）优异的强韧性，BOPA 薄膜的抗拉强度、撕裂强度、抗冲击强度和破裂强度均是塑料材料中最好的之一。

（2）突出的柔韧性、耐针孔性，不易被内容物戳穿，是 BOPA 的一大特点；柔软，包装手感好。

（3）阻隔性好，保香性好，耐除强酸外的化学品，耐油性尤佳。

（4）使用范围宽，可以在－60～130 ℃长期使用，BOPA 的机械性能无论是低温还是高温都能保持。

（5）卫生性好，无毒、无味、无臭，适用于卫生要求高的包装。

（6）光学性好，透明度高，光泽佳。

（7）BOPA 薄膜的性能受湿度影响大，尺寸稳定性和阻隔性都受湿度的影响。BOPA 薄膜受潮后，除起皱外，一般会横向伸长、纵向缩短，伸长率最大可达 1%。

2. BOPA 质量要求

BOPA 质量要求如表 2－1 所示。

表 2－1　BOPA 质量要求

检验项目		技术要求	12 μm	15 μm	25 μm
拉伸强度/MPa	MD	≥200	221	219	215
	TD	≥200	245	243	240
断裂伸长率/%	MD	90～110	94	105	110
	TD	70～90	82	85	90
热收缩率/%	MD	≤2.5	2.0	2.0	1.5
	TD	≤1.5	0.5	0.6	0.5
摩擦系数（处理面/非处理面）		≤0.6	0.4	0.4	0.4
雾度/%		≤3.5	1.8	1.9	2.2
润湿张力/dyn		≥54	56	56	56
耐撕裂力/mN		≥60	90	103	125
氧气透过量/[cm^3/(m^2·24 h·atm)]		≤50	42	28	22

3. BOPA 应用

BOPA 可以应用在软包装的印刷层，也可以应用在中间阻隔层。

（1）BOPA 柔软、耐穿刺、耐高低温和阻气性能好，特别适合于冷冻、蒸煮、抽真空包装。如 BOPA/CPP 等透明高温蒸煮包装（图 2－1）。

（2）BOPA/Al/CPP 是高温蒸煮袋的主要结构形式，在 121 ℃下蒸煮杀菌只需 30 min（图 2－2）。

图 2－1　透明高温蒸煮包装

图 2－2　不透明高温蒸煮包装

（3）BOPA 拉伸强度大，可应用于净重大于 1.7 kg 的重包装袋（图 2－3）。

（4）BOPA 具有很好的阻气性能，可应用在中间当阻气层，同时，复合膜若全部采用刚性强的材料容易在折痕处形成层分离，产生气泡，而使用 BOPA，因其具有柔韧性，可起到缓冲刚性的作用，如婴幼儿奶粉包装为 BOPET/Al/BOPA/mPE（图 2－4）。

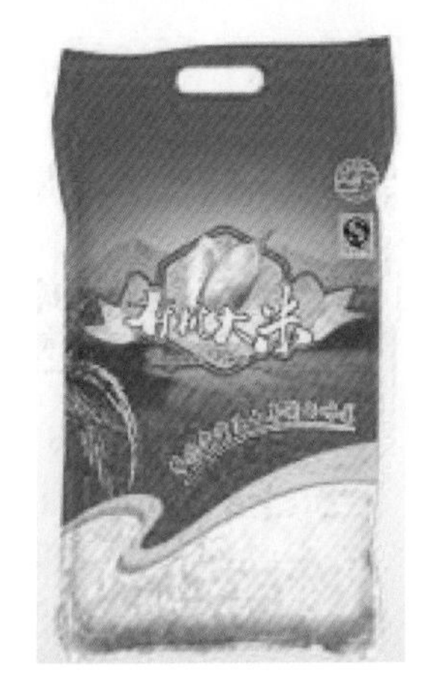

图 2－3　大米包装

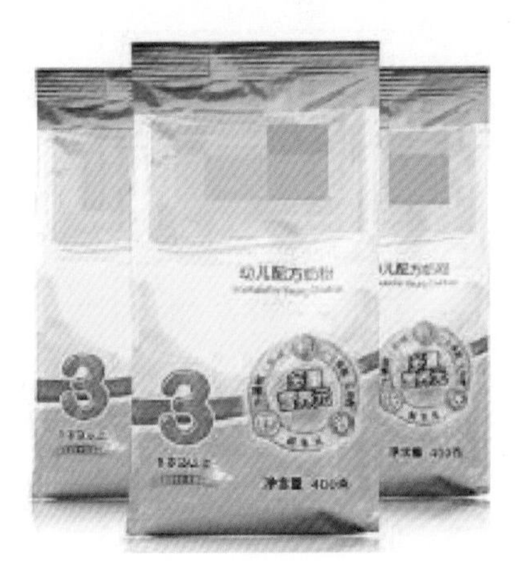

图 2－4　婴幼儿奶粉包装

（二）EVOH 材料

1. EVOH 性能

EVOH 特性

EVOH 即乙烯－乙烯醇的无规共聚物，是结晶性聚合物，是目前阻气性最好的树脂。通常乙烯含量为 32%～48% 摩尔分数，EVOH 的熔融温度随乙烯含量的增加而下降。

（1）阻气性。EVOH 是气体阻隔性最佳聚合物之一，常用作保香阻隔层。由于 EVOH 结构中含有羟基，EVOH 具有亲水性和吸湿性，当吸附湿气后，气体的阻隔性受影响，加工时应采用多层共挤，EVOH 作为中间层两边共挤 PE 或 PP 使用。

（2）光学性能好。EVOH 具有高光泽、低雾度、高透明度，耐紫外光、耐候性优异。

2. EVOH 应用

EVOH 树脂由于其优异的阻隔性，在包装领域得到了广泛的使用。它能明显延长食品的储存时间，可用来包装番茄酱、糖汁、奶制品、肉制品、蔬菜及果汁、饮料等。除此之外，EVOH 树脂还可用于非食品的包装，如化学品、溶剂、保健产品、医药产品、化妆品及电子类产品等（图 2－5、图 2－6）。

（三）PT1450 材料

1. PT1450 性能

PE 材料的特性

PT1450 是聚烯烃的一种，是茂金属 PE（mPE），在韧性、透明度、热封性、低气味等方面明显优于传统聚乙烯，主要表现为更低的热封温度、突出的抗污染可热封能力和更高的热黏强度。

图2－5　PA/EVOH－32/PE

图2－6　LLDPE/Tie/EVOH－44/Tie/LLDPE

2. 其他PE性能

LDPE即低密度聚乙烯（又称高压聚乙烯），其具有以下性能。

（1）密度较低，0.915～0.925 g/m^2。

（2）透明度较好，具有一定的光泽度。

（3）机械强度较低，柔软性良好，延伸率高，表面硬度低。

（4）具有耐低温性，脆化温度在－70 ℃，低温下具有良好的抗冲击性。

（5）吸水率低，防水防潮性能极好，但透气性大、保香性差。

（6）耐化学性能良好。

（7）耐热性较差，软化温度在84 ℃左右。

LLDPE即线性低密度聚乙烯，其具有以下性能。

（1）密度为0.920～0.930 g/m^2，无毒、无味、无臭。

（2）熔点比LDPE高10～20 ℃，熔体黏度高，加工较困难。

（3）物理机械性能明显高于LDPE，其柔软性、韧性、耐低温性、耐穿刺性均优于LDPE。

（4）耐环境应力极佳。

（5）热封性好，抗封口污染性较强。

3. PE热封层材料的质量要求

PE热封层材料的质量要求如表2－2所示。

表2－2　PE热封层材料的质量要求

检验项目		检验标准
拉伸强度	（横）	≥20 MPa
	（纵）	≥30 MPa
断裂伸长率	（横）	≥600%
	（纵）	≥500%

续表

检验项目		检验标准
摩擦系数		非处理面与非处理面小于0.25，处理面与处理面小于0.20
透明度	透光率	≥90%或能满足客户要求
	雾度	≤5%或能满足客户要求
电晕强度		透明膜：36～38 dyn　乳白膜：38～39 dyn
端面整齐度		≤2 mm
热封强度		印刷面的热封强度不小于15 N/15 mm
光泽度/挺度		能满足客户要求

4. PE热封层材料的应用

（1）因PE耐寒性好，0 ℃以下冷冻材料不变硬、变脆，在需冷冻情况下一般采用PE，如碎碎冰外包装结构为BOPP/PE（图2-7）。

（2）重包装。PE材料的热封强度高，一般情况下厚度越大，对应的热封强度就越高，可应用于重包装。如大米袋包装结构为BOPA/mPE（图2-8）。

（3）封口抗污染的包装。一般对粉剂或液体包装封口要考虑抗污染性，具有抗污染性的PE有mPE、LLDPE。如鸡精包装结构为PET/VMPET/mPE（图2-9）。

图2-7　碎碎冰外包装

图2-8　大米袋包装

图2-9　鸡精包装

三、果冻盖膜的材料选用的验证

1. 透气量

在恒定温度和单位压力差下，在气体稳定透过时，单位时间内透过试样单位面积的气体的体积，常用单位是$cm^3/(m^2 \cdot d \cdot atm)$。材料的透气量越小，说明其阻气（一般指氮气、氧气和二氧化碳）能力越高。透气量计算公式如下：

$$P_G = \frac{q_G}{t \times A \times (P_1 - P_2)}$$

式中　P_G——透气量，$cm^3/(m^2 \cdot d \cdot atm)$；

q_G——氧气允许透过量，cm^3；

t——保质期，d（24 h）；

$(P_1 - P_2)$——包装袋内外气体的压力差，atm。

例题：茶叶包装袋，袋内氧气含量为1%，保质期为24个月，每袋净重10 g，袋的厚度为25 μm，包装面积为112 cm^2；该产品允许最大吸氧量为150 cm^3/100 g，试确定包装袋的透气量。

解：（1）该产品允许氧气渗透量：

$$q_G = 10\ g \times 150\ cm^3/100\ g = 15\ (cm^3)$$

（2）氧气分压差：

$$P_1 - P_2 = (0.209\,3 - 0.01) = 0.199\,3\ (atm)$$

（3）将所有值代入公式：

$$P_G \approx 9.20\ cm^3/(m^2 \cdot d \cdot atm)$$

2. 复合薄膜的透气量

复合薄膜的透气量由下列公式计算：

$$1/P_G = 1/P_{G1} + 1/P_{G2} + 1/P_{G3} + \cdots + 1/P_{Gn}$$

式中　P_G——复合薄膜的透气量；

P_{G1}、P_{G2}、P_{G3}、P_{Gn}——各层薄膜的透气量。

例题：某款奶粉包装氧气透气量为20 $cm^3/(m^2 \cdot 24\ h \cdot atm)$，奶粉包装的结构为BOPET12//Al7//BOPA15//mPE60。核算该材料是否满足包装要求。

解：已知BOPET12为50 $cm^3/(m^2 \cdot 24\ h \cdot 0.1\ MPa)$；Al9为15 $cm^3/(m^2 \cdot 24\ h \cdot 0.1\ MPa)$；BOPA15为30 $cm^3/(m^2 \cdot 24\ h \cdot 0.1\ MPa)$；mPE40为$7 \times 10^3$ $cm^3/(m^2 \cdot 24\ h \cdot 0.1\ MPa)$，则

$$1/P_G = 1/P_{G1} + 1/P_{G2} + 1/P_{G3} + \cdots + 1/P_{Gn}$$

$$1/P_G = 1/50 + 7/(15 \times 9) + 1/30 + 60/(7 \times 10^3 \times 40)$$

$$P_G \approx 9.49\ cm^3/(m^2 \cdot 24\ h \cdot atm)$$

$P_G < 20\ cm^3/(m^2 \cdot 24\ h \cdot atm)$，满足包装要求。

任务二　果冻盖膜印刷工艺

印刷工艺单				
产品结构	BOPA//EVOH/PT1450－30			
印刷基膜	BOPA15×670	μm×mm	电晕强度	≥50 dyn
放卷输入张力	80～100 N	收卷输出张力	90～110 N	
放卷张力	70～90 N	收卷张力	60～80 N	
印版尺寸	565 mm	印版重复长度	横324 mm，纵113 mm	

续表

<table>
<tr><td rowspan="2">干燥温度/℃</td><td>1#</td><td>2#</td><td>3#</td><td>4#</td><td>5#</td><td>6#</td><td>7#</td><td>8#</td></tr>
<tr><td>40～50</td><td>40～50</td><td>40～50</td><td>40～50</td><td>45～55</td><td>45～55</td><td>45～55</td><td>60～70</td></tr>
<tr><td>NO.</td><td>色序</td><td colspan="6">油墨类型及配比</td><td>黏度</td></tr>
<tr><td>1</td><td>黑</td><td colspan="6">AR805 黑＋溶剂</td><td>15</td></tr>
<tr><td>2</td><td>大红</td><td colspan="6">AR1 红＋橙</td><td>15</td></tr>
<tr><td>3</td><td>金</td><td colspan="6">AR 青金＋溶剂</td><td>15</td></tr>
<tr><td>4</td><td>红</td><td colspan="6">AR507 红＋冲＋3%固化剂</td><td>15</td></tr>
<tr><td>5</td><td>蓝</td><td colspan="6">AR507 蓝＋冲＋3%固化剂</td><td>15</td></tr>
<tr><td>6</td><td>黄</td><td colspan="6">AR407 黄＋冲（10：5）＋3%固化剂</td><td>16</td></tr>
<tr><td>7</td><td>QS</td><td colspan="6">AR 蓝＋紫</td><td>16</td></tr>
<tr><td>8</td><td>白</td><td colspan="6">AR 白＋3%固化剂</td><td>15</td></tr>
<tr><td></td><td></td><td colspan="6">此产品可用 DIC 固化剂</td><td></td></tr>
<tr><td rowspan="2">控制要点</td><td>成品要求</td><td colspan="2">头先出</td><td colspan="3">印刷出卷及上版方向</td><td colspan="2">尾先出</td></tr>
<tr><td colspan="8">1. 颜色严格按照标准样控制生产。
2. 注意字迹清晰，防止堵版、刀线等印刷问题。
3. 油墨黏度控制范围±2，张力控制范围±20%。
4. 产品供货规格：横向为 325 mm；纵向为 112.5 mm。
5. 注意溶剂残留量的控制，下机按要求送理化室检测。
6. BOPA 产品注意防潮，下机后立即用铝箔包好。
7. 上机前注意检查 BOPA 处理面的电晕强度，电晕值≥50 dyn 方可上机印刷</td></tr>
</table>

一、材料基膜与印版尺寸的关系

图形的重复尺寸为：横 324 mm，纵 113 mm，排版时进行横向排开，排两个版面，即 324×2＝648（mm），然后两边留空印刷标记线 20 mm，薄膜基材的宽度取整为 670 mm（668 mm），版周方向重复排版纵向5 个，即 113×5＝565（mm），如图 2－10 所示。

图 2－10　果冻盖膜排版

果冻盖膜印刷工艺单解读

二、印刷数色

实物图一般由原红、原黄、原蓝、黑和白五色相互套色而成，如图 2－11 中的橘子，叶子由原黄和原蓝套色而成，橙色由原红和原黄套色而成，阴影部分有黑色套印，橘子皮内层有白色参与套印。

商标处有金色、专红色、QS 蓝三个专色。

因此蜜橘果肉果冻的印刷色为黑色、白色、原红、原黄、原蓝、金色、专红色及 QS 专蓝八色，如图 2－11 所示。

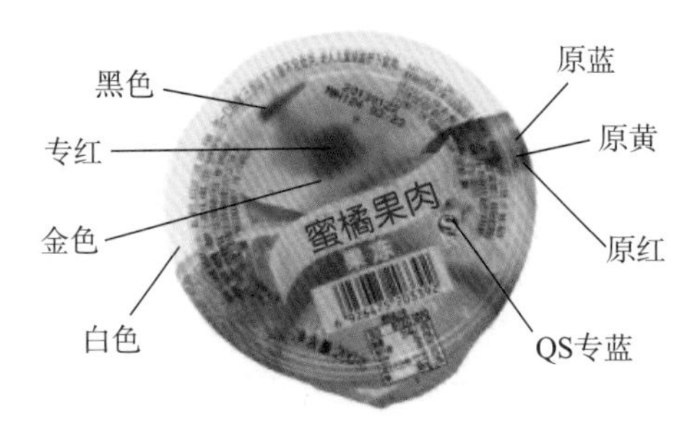

图 2－11　果冻盖膜印刷颜色

三、工艺控制要点

BOPA 容易吸潮，吸潮后易导致薄膜尺寸不稳定，因此在使用过程中需注意防潮，同时要求 BOPA 印刷面的表面张力值达到 50 dyn 以上。

（一）颜色检测

色差仪主要根据 CIE（国际照明委员会）色空间的 Lab、Lch 原理，测量显示出样品与被测样品的色差 ΔE 以及 ΔLab 值。颜色容差主要是针对样品和已知标准颜色测量值的比较，这样可判断样品与标准的接近程度。其中，Lab 各指标计算公式如下：

$$\Delta L^* = L^*_{样品} - L^*_{标准}\ （明度差异）$$

$$\Delta a^* = a^*_{样品} - a^*_{标准}\ （红/绿差异）$$

$$\Delta b^* = b^*_{样品} - b^*_{标准}\ （黄/蓝差异）$$

此容差公式，可以简单直接显示颜色误差原因，如表 2－3 所示。

表 2－3　颜色误差原因

Lab	+	-
$\Delta L*$	偏浅	偏深
$\Delta a*$	偏红	偏绿
$\Delta b*$	偏黄	偏蓝

色差 $\Delta E* = [(\Delta L*)^2 + (\Delta a*)^2 + (\Delta b*)^2]^{1/2}$，产品检测标准是印刷品与标准样相比总色差 $\Delta E* < 3$。

(二) 溶剂残留量控制

由于果冻盖膜直接接触食品，盖膜印刷工艺中残留的溶剂量会影响食品安全，其值应控制在一定范围内。油墨中的溶剂残留量用气相色谱仪检测，若检测超标则需要提高印刷干燥的温度或降低机器速度。

(三) BOPA 薄膜的防潮性能

BOPA 吸潮后，尺寸变化会导致印刷时套印不准，表面的水膜会导致复合强度不足、起泡等，因而在高湿度环境下要对尼龙薄膜做好防潮保护，一般采取以下措施。

(1) 使用前不要过早打开包装。

(2) 尽量一次用完，余膜用阻隔性好的材料包好。

(3) 印刷时第一色组不上印版，进行预干燥。

(4) 使用前放入熟化室干燥 2 ~ 3 h。

(5) 保证生产车间合理的温度（25 ℃）和湿度（85% RH）。

任务三　果冻盖膜挤出复合工艺

挤出复合是将热熔性树脂，如 PE、EVA、EAA（乙烯丙烯酸）等，由塑料挤出机熔融塑化后经 T 型挤出模头挤出在基材 B 上，同时与基材 A 通过复合辊和冷却辊复合贴压在一起，通过冷却辊冷却后经剥离辊制成三层复合膜的一种方法，如图 2 – 12 所示。

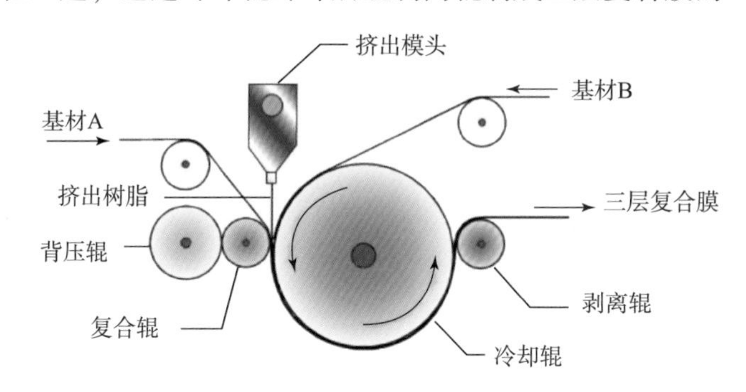

软包装挤出复合工艺

图 2 – 12　挤出复合示意

一、挤出复合机单元

(一) 挤出机

挤出机如图 2 – 13 所示。

按照螺杆转动时的功能作用，将螺纹部分分为加料段、塑化段（压缩段）和均化段（计量段），加料段接受料斗供料，随着螺杆的转动把料粒输送给塑化段，料粒在此段呈未塑化的固态；塑化段的温度逐渐升高，从加料段输送来的料粒经挤压、搅拌、剪切、摩擦，逐渐变为熔融态；均化段将塑化段输送来的熔融料进一步塑化均匀，然后随着螺杆的转动等量、等压、均匀地从机头挤出，如图 2 – 14 所示。

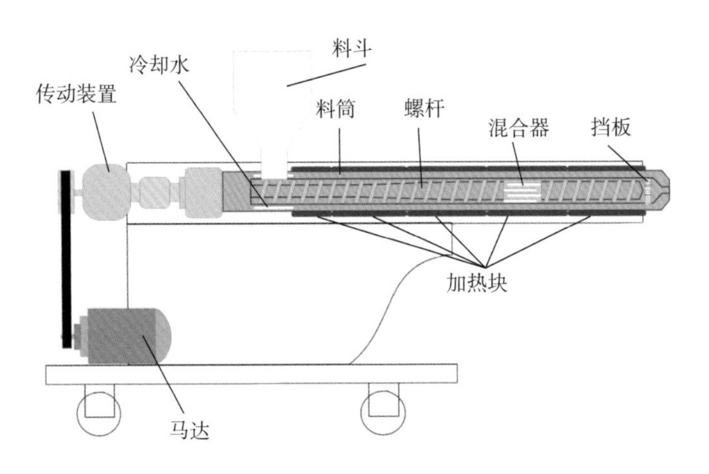

图 2－13　挤出机

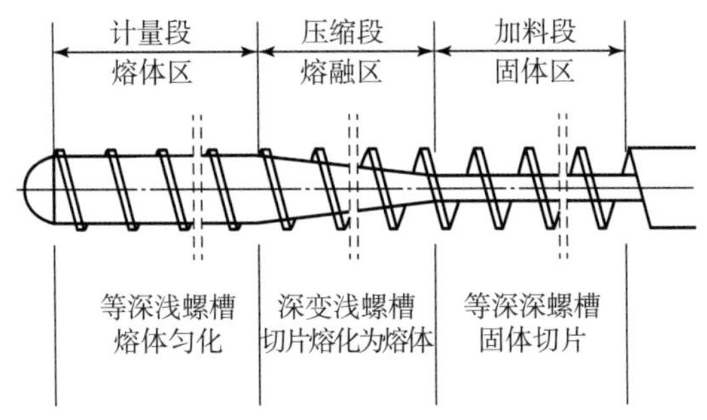

图 2－14　挤出螺杆工作原理

（二）模头（机头）

挤出复合通常采用直歧管 T 型模头，它由一根直径相等的歧管（储料分配管）和定型的狭缝模唇组成（图 2－15）。直歧管 T 型模头适用于热稳定性和流动性较好的 PE、PP 等的挤复。

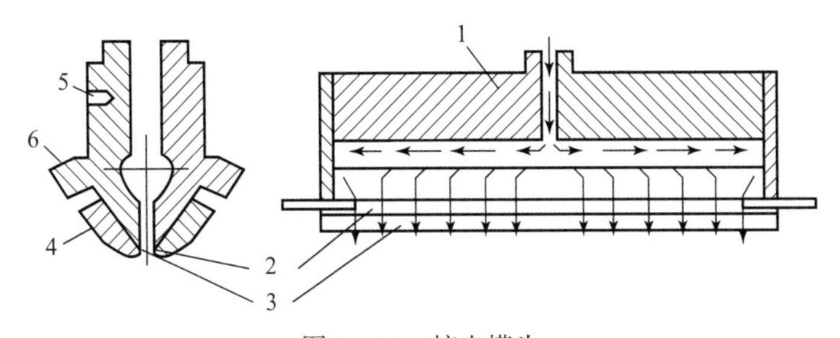

图 2－15　挤出模头

1—T 型模头；2—调幅杆通道；3—模唇口；4—模唇；5—热电偶插孔；6—调节螺栓

（三）复合部分

复合部分的主要作用是把熔融的片状树脂熔体均匀、平整地涂覆在基材薄膜上。挤出模头将挤出的熔融片状树脂熔体引入橡胶压力辊和冷却辊之间，经展平辊展平的基材

薄膜也进入橡胶压力辊和冷却辊之间，片状树脂熔体与基材薄膜在压力作用下实现复合。复合部分主要由冷却辊、橡胶压力辊、支撑辊、修边装置、防黏喷粉撒布装置等组成，它们是影响复合质量好坏的主要部件，复合部分如图 2 – 16 所示。

图 2 – 16　复合部分

冷却辊为表面镀铬的钢辊，其作用是将熔融挤出树脂的热量带走，并在冷却和定型涂覆薄膜过程中通过与橡胶压力辊之间的压力作用使涂覆薄膜与基材薄膜相黏合。冷却辊的表面状况几乎决定了复合膜制品的透明性。为了提高冷却效果，使辊的表面温度均匀，大多采用双层夹套螺旋式冷却辊。冷却辊直径较大，一般为 450 ~ 600 mm，最大为 1 000 mm。冷却辊长度比复合机 T 型模头宽度稍长一些。另外，冷却辊表面如果压出或刻出图案，则可使复合膜制品的表面呈现出特殊的花纹。

橡胶压力辊的作用是将基材和熔融塑料膜以一定的压力压向冷却辊，使基材和熔融塑料薄膜压紧，粘住并冷却、固化定型。压力辊与冷却辊及挤出模头的相对位置对于涂覆薄膜与基材薄膜之间的黏结牢度即复合强度有着较大的影响，如图 2 – 17 所示。

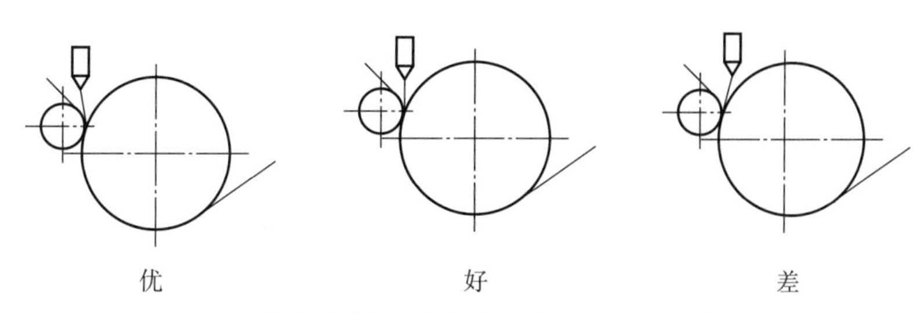

图 2 – 17　挤出模头与冷却辊相对位置对复合强度的影响

从机头挤出的熔融状薄膜的温度高达 300 ℃以上，它首先与压力辊接触，因此要求压力辊所采用的材料具有良好的耐热性、耐磨性、与树脂的剥离性、抗撕性，且横向变形小。压力辊是将钢辊外面包裹 20 ~ 25 mm 厚的橡胶制成的。包裹压力辊的橡胶一般是硅橡胶，其耐热性和耐磨性好，不易与聚乙烯黏附，易剥离，无毒，操作方便。橡胶压力辊的硬度一般为 HV75 ~ 85，过低或过高都会对复合质量产生不利影响。

二、挤出复合工艺

<table>
<tr><td colspan="8">挤出复合工艺单</td></tr>
<tr><td>产品结构</td><td colspan="3">BOPA15//EVOH55/PT1450 - 30</td><td>工艺流程</td><td colspan="3">印刷—复卷—干复—熟化—挤复—分切—包装</td></tr>
<tr><td colspan="2">重复长度/mm</td><td colspan="2">113</td><td colspan="2">出卷方向（成品发货）</td><td colspan="2">尾先出</td></tr>
<tr><td colspan="8">挤出树脂</td></tr>
<tr><td>产地</td><td>美国/韩国</td><td>牌号/配比</td><td colspan="2">PT1450：PELB7000 = 100：5</td><td>涂复厚度/μm</td><td colspan="2">30</td></tr>
<tr><td colspan="3">AC 剂及配比</td><td colspan="5">—</td></tr>
<tr><td rowspan="3">主放卷</td><td>基材</td><td colspan="2">BOPA15//EVOH55</td><td rowspan="3">副放卷</td><td>基材</td><td colspan="2">—</td></tr>
<tr><td>规格/（μm × mm）</td><td colspan="2">（65 ~ 70）× 670</td><td>规格/（μm × mm）</td><td colspan="2">—</td></tr>
<tr><td>张力/kgf</td><td colspan="2">11</td><td>张力/kgf</td><td colspan="2">—</td></tr>
<tr><td>收卷张力/kgf</td><td>18</td><td>涂布张力/kgf</td><td colspan="2">3. 2</td><td>复合压力/kgf</td><td colspan="2">—</td></tr>
<tr><td>复合速度/（m · min^{-1}）</td><td>100</td><td>干燥温度/℃</td><td>—</td><td>树脂温度/℃</td><td>290</td><td>冷却辊温度/℃</td><td>≤20</td></tr>
<tr><td colspan="8">实际生产时干燥箱温度可在给定值 ± 5 ℃内波动；各张力可在给定值 ± 5 kgf 内波动；压力可在 ± 0. 5 kgf 内波动</td></tr>
<tr><td colspan="8">挤出机各段温度/℃</td></tr>
<tr><td>C1</td><td>C2</td><td>C3</td><td>C4</td><td>C5</td><td>C6</td><td>DA1</td><td>DA2</td></tr>
<tr><td>180</td><td>230</td><td>260</td><td>280</td><td>290</td><td>290</td><td>290</td><td>290</td></tr>
<tr><td>TA</td><td>T1</td><td>T2</td><td>T3</td><td>T4</td><td>T5</td><td>T6</td><td>T7</td></tr>
<tr><td>290</td><td>290</td><td>290</td><td>292</td><td>295</td><td>293</td><td>290</td><td>290</td></tr>
<tr><td colspan="8">生产中根据实际情况可以在给定值上下浮动 5%</td></tr>
<tr><td>关键控制点</td><td colspan="7">1. 挤复厚度均匀达标，无爆筋、翘边。
2. 喷粉均匀、适量，一臂远距离看不显眼为宜。
3. 经常检查复合胶辊和冷却辊有无异物，防止压痕不良。
4. 经常检查挤出机温度显示是否正常</td></tr>
</table>

（一）树脂的选用

果冻盖膜挤出复合工艺单解读

在选择挤出树脂时首先要考虑树脂的熔体流动速率（MFR，也指熔融指数），熔体流动速率是用熔体流动速率仪，加入被测树脂，在190 ℃和2.16 kg重的负荷下，其熔体在10 min内通过直径为2.095 mm标准毛细管的质量值，以g/10 min表示。熔体流动速率可用于判定热塑性塑料处于熔融状态时的流动性，熔体流动速率大，则表示流动性好；熔体流动速率小，则表示流动性差。挤出复合用的聚乙烯的熔体流动速率一般在5～8 g/10 min为宜。

果冻盖膜热封层采取淋膜的方式，树脂采用PT1450和FELB7000，两者的比例为100∶5。挤出的膜是作为热封层，与杯体进行封口（杯体一般采用PP杯），需要考虑热封强度和启封温度，同时还需要考虑与EVOH的粘接性能。PT1450是低温热封PE弹性体，具有启封温度低的特点，与PP杯粘接强度适中；FELB7000是一种LDPE，主要用来改善挤出树脂的加工性。

（二）温度控制

软包装挤出复合温度控制

温度控制包括挤出温度和冷却辊的冷却温度。

挤出温度的设定主要由所用的树脂决定，如LDPE树脂的挤出温度在300～310 ℃，EVA树脂的温度在230～250 ℃，PP树脂的温度在270～290 ℃。挤出温度的合理设定对挤出复合极为重要。挤出温度太高，塑料熔体易热降解或裂解，会产生异味，挤出产品脆硬，且收缩率大；挤出温度太低，熔融塑化不均匀，外观因出现晶点而使产品的透明度和光泽性变差，甚至会形成类似木材年轮纹或鱼眼状次品，使复合牢度降低。

挤出温度主要分为螺杆温度（C1～C5）、机颈温度（A、J）和T型模口温度（D1～D8），如图2-18所示。

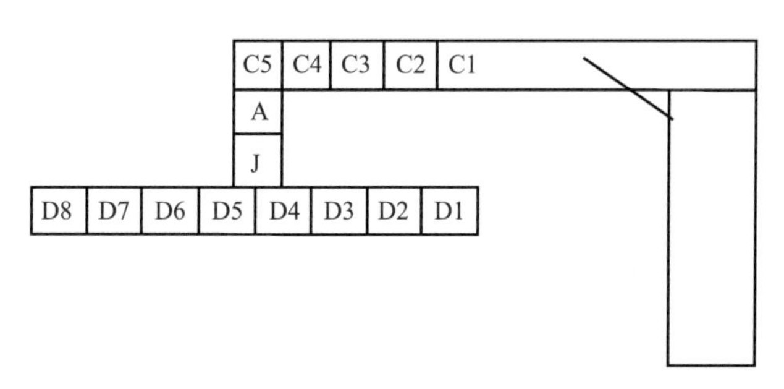

图2-18　挤出温度

加料段发挥材料预热和压实以及输送功能，该段温度一般要低于塑料熔点温度10～20 ℃，温度过高会使物料粘在螺杆上面而无法使物料往前输送，造成“架桥”现象；压缩段的作用是原料在这个阶段进一步被压实、熔融，并将熔体向前输送，这一段温度设置略高于熔融温度，稳定性好的材料设置可略偏高，确保充分塑化；均化段的作用是进一步均匀塑化材料，这一段温度设置比前段更高，一般高10～20 ℃，机头段温度接近加工温度，以便能形成高的机头压力，得到良好外形的制品。PT1450 的挤出机挤出温度分别是 180 ℃、230 ℃、260 ℃、280 ℃、290 ℃、290 ℃。

挤出机颈和挤出模头的温度是塑料的加工温度，PT1450 的模头设定分别是 290 ℃、290 ℃、292 ℃、295 ℃、293 ℃、290 ℃、290 ℃，设定时可以通过温度的微调来控制厚度的均匀性，一般温度越高，树脂的流动性越好，则对应的厚度越厚。

将冷却辊的表面温度提高至一定温度时，可以达到提高复合牢度及柔韧性的效果，但温度过高时将发生复合产品透明度降低、卷曲及粘膜等不良影响。因此，冷却辊表面温度的上升极限应控制在 60 ℃左右。冷却辊最好采用以冷热水循环装置进行的升降温控制方式，控制水温以及水量的大小。

软包装挤出复合厚度控制

（三）挤出厚度控制

挤出树脂的厚度主要由机器速度和挤出机螺杆转速联合控制，一般挤出机车速越快，螺杆挤出速度越慢，则对应的厚度越薄，反之亦然，那这两者如何协调控制呢？树脂挤出后加工生产成薄膜，树脂和薄膜两者的质量相等，则存在如下的关系式：

单位时间内挤出树脂质量(g/min) = 螺杆挤出效率(g/r) × 螺杆转速(r/min)

其中，螺杆挤出效率（每转一圈的挤出量）的测算方法如下：

取高、中、低三个转速（如 100 r/min、60 r/min、30 r/min），每个速度取单位时间（1 min 为佳）的挤出量，用挤出量除以对应的转速得出每转的挤出量，三组数据求平均值，使数据更精确。

薄膜每分钟质量(g/min) = 薄膜树脂密度 × 挤出宽度 × 挤出厚度 × 挤出长度/min

= 薄膜树脂密度 × 挤出宽度 × 挤出厚度 × 挤出速度

即螺杆挤出效率(g/r) × 螺杆转速(转/min) = 薄膜树脂密度 × 挤出宽度 × 挤出厚度 × 挤出速度。

例题：某挤出机螺杆，30 r/min 的挤出量为 780 g；60 r/min 的挤出量为 1 562 g；100 r/min 的挤出量为 2 604 g。求 900 mm 宽幅、挤出厚度为 60 μm 的 PE，螺杆转速与挤出机速之比为多少时联动？（联动指螺杆转速与挤出机速按比例锁定。）

解：（1）螺杆的挤出效率：

$$(780/30+1\ 562/60+2\ 604/100)\div 3\approx 26.02\ (g/min)$$

（2）根据已知条件：PE 的密度为 $0.925\times10^{6}\ g/m^{3}$，宽幅为 0.9 m，挤出厚度为 0.06×10^{-3} m，代入公式得

$$26.02\times 螺杆转速 = 0.925\times10^{6}\times0.9\times0.06\times10^{-3}\times 挤出速度$$

$$螺杆转速\approx 1.92\ 挤出速度$$

即当螺杆转速与挤出速度比值为 1.92 时，把按钮切换为联动。

（四）喷粉控制

挤出薄膜作为热封层需要有一定的爽滑性，但树脂经高温挤出后，爽滑剂被分解，制成的膜摩擦系数大，在后续生产中机器会由于摩擦系数大造成断膜，因此需要通过喷粉来提高挤出热封膜的爽滑性能，但不能过多，以一臂距离外不显眼为宜。

（五）质量控制

1. 压痕

在复合时，若复合辊上有异物或伤痕，冷却定型后会出现异样的痕迹（图 2－19）。

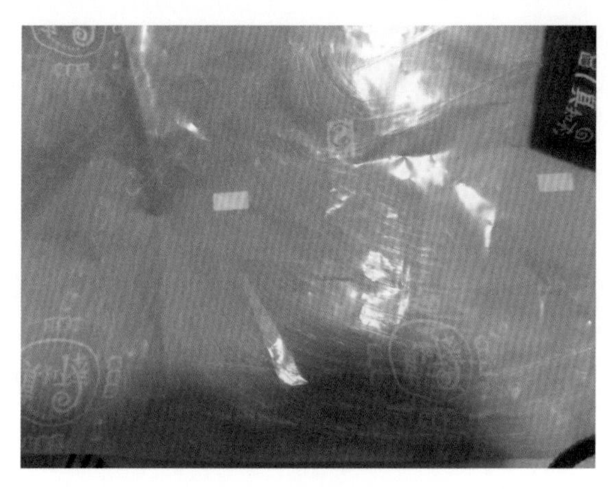

软包装挤出复合质量控制

图 2－19　压痕

2. 打折

如果薄膜张力不均、复合辊等由于异物或变形造成压力不均等，会导致薄膜在复合前平行度不够而形成折痕（图 2－20、图 2－21）。

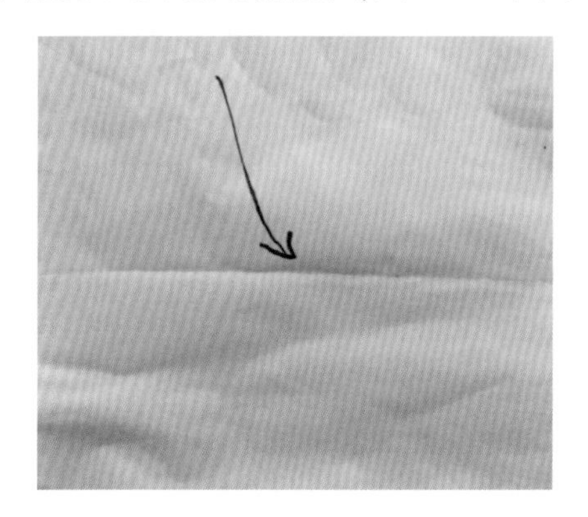

图 2－20　打折（一）

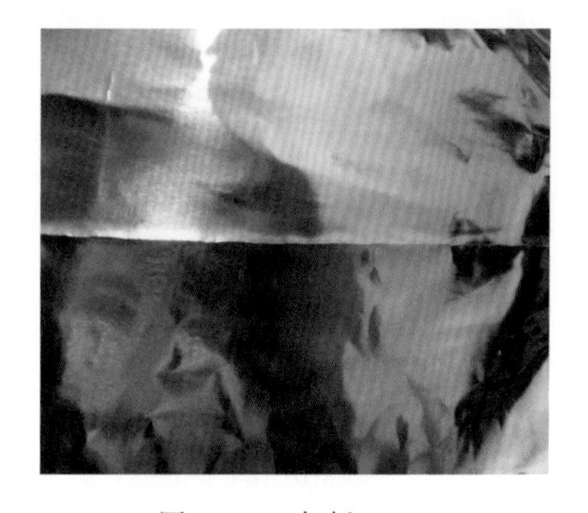

图 2－21　打折（二）

3. 漏复

在复合膜宽幅的一端或两端由于挤出量过小、基材跑偏、模口有异物、边厚度调节过薄等使挤出料宽度不够导致复合膜没有被黏合在一起，这类现象叫漏复（图 2－22）。

4. 气泡（烫伤）

由于挤出料的温度过高、挤出速度慢或静电的吸附等，复合膜没有被及时贴合到冷却辊而引起基材烫伤，会形成气泡等外观（图 2－23）。

图 2－22　漏复

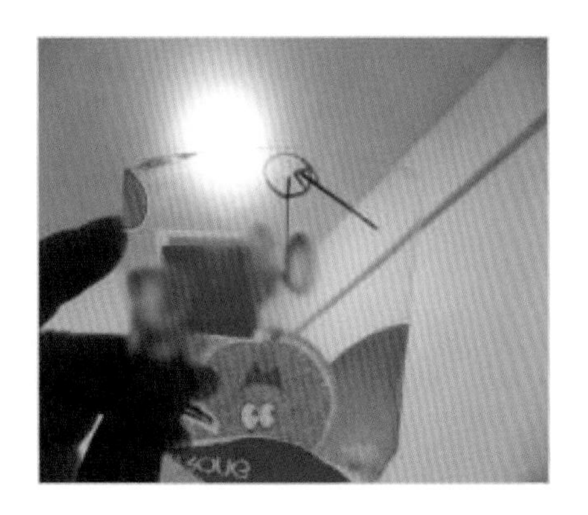

图 2－23　气泡

5. 剥离强度低

若挤出温度低或车速过快或冷却辊温度过低，会使挤出树脂氧化不充分、挤出料添加的爽滑剂在开口处挤过多而导致复合膜的粘接强度低，易剥离。

任务四　果冻盖膜分切工艺

分切工序工艺单			
产品结构	BOPA15//EVOH55/PT1450－30		
膜卷长度/m	505	膜卷宽度/mm	325 ±0.5
出卷方向	图案尖先出	重复长度/mm	112.5（0，+1 mm）
每箱装量/卷	2	端面平齐度/mm	≤1
包装箱/(mm × mm × mm)	纸箱（QS）：560 × 280 × 340 发往省外的加挡板和堵头	接头数	≤2
下刀位置	双光点，按光点下刀，保证分切尺寸，偏差≤ ±0.5 mm；如果原膜拉伸，保证分切尺寸，保证膜卷两端黑光点相等		
工艺要点	1. 接头用蓝胶带，双面对接，图案对齐，不能粘在光点部位，要夹条标志，接头处在收卷轴右端做标志。 2. 必须将各部位导辊清理干净，防止灰尘及划伤。 3. 在上卷、下卷、接头部位必须严格检查印刷质量及复合是否有两层皮现象。 4. 严格对照印刷标准样检查印刷色差。 5. 箱外左上角用透明胶带贴一个完整图案样膜。 6. ★电眼距离控制在 112.5 mm（0，+1 mm）的范围内，不能出现负偏差		
包装要求	箱内垫大块 PE 膜，箱外四周封黄胶带，打“11”字包扎带。 发往省外：两端要加挡板、堵头，箱外四周封黄胶带并打“11”字包扎带。 ★箱外贴两张合格证，管芯内贴一张合格证		

一、卷膜的规格

卷膜的宽度为 325 mm，长度为 505 m，重复长度控制在 112. 5 ~ 113. 5 mm 的范围内，不能出现负偏差，每箱装 2 卷膜，每卷的接对数不超过 2 个，有接头的地方图案要对齐，并用蓝色胶带做记号，要求双面对接，并且不能粘在光点部位，在收卷轴右边用夹条标志，端面要平整，平齐度不能超过 1 mm（端面最外端与最里端的膜之间的错位）。

二、分切的位置

分切的位置即分切切刀的下刀位置，一般采用沿光标分切或一分为二（图 2 – 24、图 2 – 25）。但当相邻图案色相相差很大或某背封线上有文字，必须充分保证文字的位置，这时需考虑位置的偏向。本项目采用将光标一分为二。

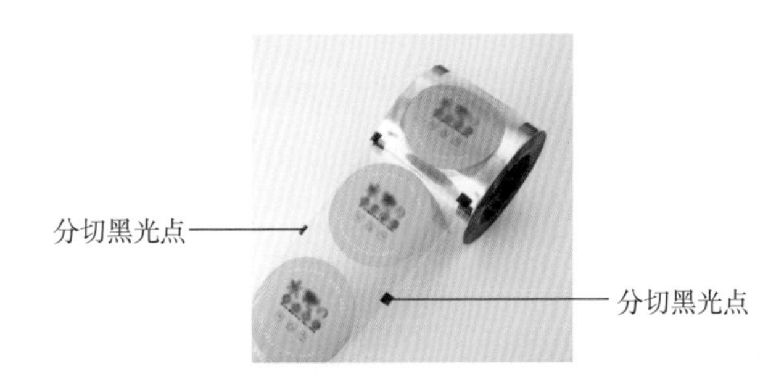

图 2 – 24　分切位置

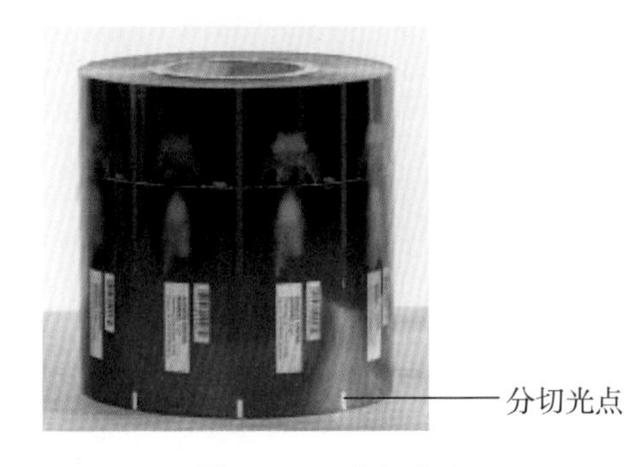

图 2 – 25　分切光点

三、箱包要求

内垫大块 PE 膜，箱外四周封黄胶带，打“11”字包扎带；发往省外的还需要两端加挡板、堵头，箱外四周封黄胶带并打“11”字包扎带；箱外左上角用透明胶带贴一个完整图案样膜；箱外贴两张合格证，管芯内贴一张合格证。

任务五　果冻盖膜质量检测方案

果冻盖膜的包装要求是阻氧，防微生物腐败；盖膜与杯体之间的热封要求有一定强度，但又要求易撕；同时为不影响产品口味，要求薄膜的溶剂残留量符合国家标准。因此果冻盖膜需进行透气性能、与杯体的热封强度、剥离强度、溶剂残留量的检测。

一、透气性能检测

透气性能检测

（一）检测原理

气体的透过量是在恒定温度和一个大气压差下 24 h 中稳定透过每平方米透过面积的气体量（标准状态下），单位是 $cm^3/(m^2 \cdot d \cdot Pa)$。其原理是气体分子先溶于固体薄膜中，然后在薄膜中向低浓度处扩散，最终在薄膜的另一面蒸发，如图 2－26 所示。

（二）检测过程

在一定的温度和湿度下，使试样的两侧保持一定的气体压差，测量试样低压侧气体压力的变化，从而计算出所测试样的透气量和透气系数。

1. 预处理

试样应按照当地所遵循的标准要求选取。除检测材料规格另有规定外，试样应在温度 (23 ±2)℃、湿度 (50 ±5)% 的环境条件下，至少放置 4 h。

2. 取样

试样应无褶皱、无污渍、无针孔、无折痕。取样时，旋转过程中手柄不能抬起，否则试样容易产生切不断的现象（图 2－27）。

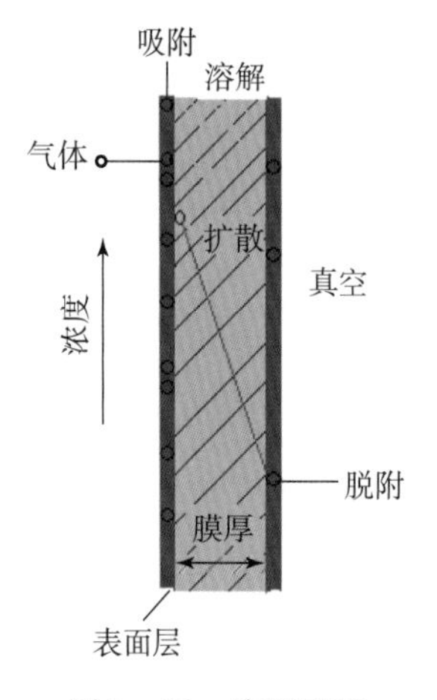

图 2－26　检测原理

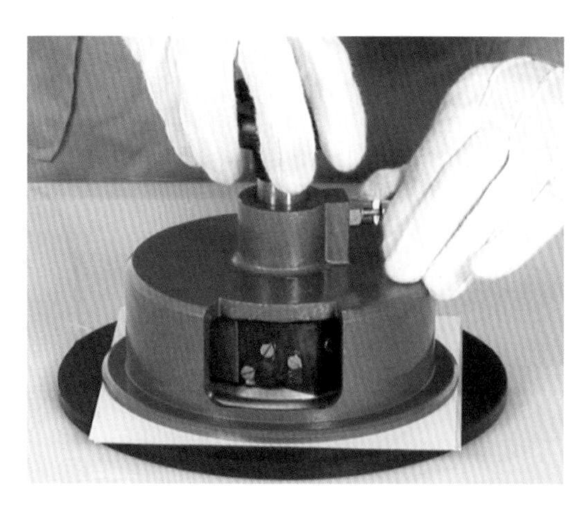

图 2－27　取样

3. 试样装夹

试样装夹如图 2 - 28 ~ 图 2 - 31 所示。如果连续测试，可以不用擦拭测试腔表面的真空油脂，三天以上未使用，需要擦拭。在操作熟练的情况下可以不用使用涂脂控制环和取中放样环。滤纸应使用快速定量滤纸，不得使用其他型号的滤纸。如果环境温度为标准温度又需在标准温度下测试，可以不用关闭密封门。

图 2 - 28　放涂脂控制环

图 2 - 29　涂真空脂

图 2 - 30　放滤纸和检测样

图 2 - 31　密封上下腔

4. 参数设置

高阻隔材料（铝箔复合膜或镀铝膜）GTR（气体透过率）<1，推荐 15 h；中、低阻隔材料 GTR≥1，推荐 8 h。具体参数设置如图 2 - 32 所示。

如果试样的透过量非常大，在“常规测试”下无法完成的情况下才允许使用“扩展测试”。设置温度不超过 50 ℃。

5. 开机

开机顺序：首先打开设备开关，然后打开气阀开关并且调节减压阀，最后打开真空泵电源，运行软件，如图 2 - 33 ~ 图 2 - 36 所示。

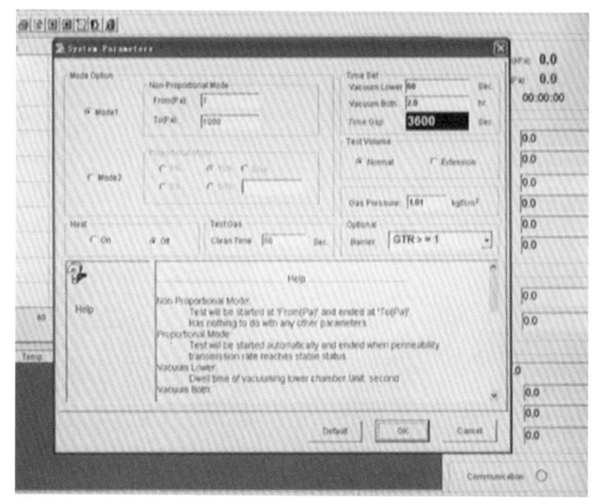

图 2－32　具体参数设置

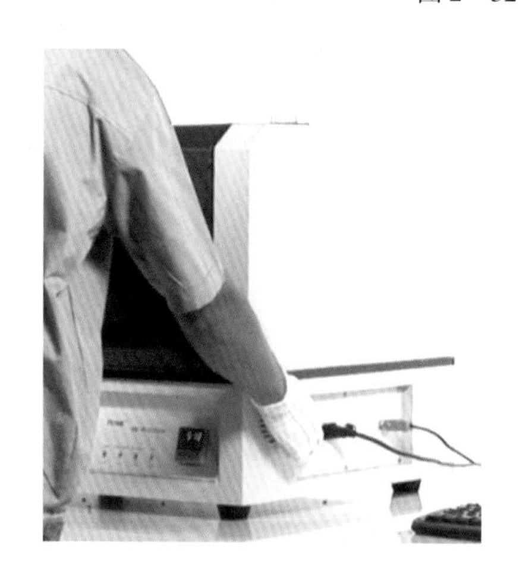

图 2－33　打开设备开关

图 2－34　打开气阀开关

图 2－35　调节减压阀

图 2－36　打开真空泵电源

6. 试验

单击“试验”启动，设备会自动检测试验数据，待试验结束时，直接出具试验报

告，如图 2－37 所示。

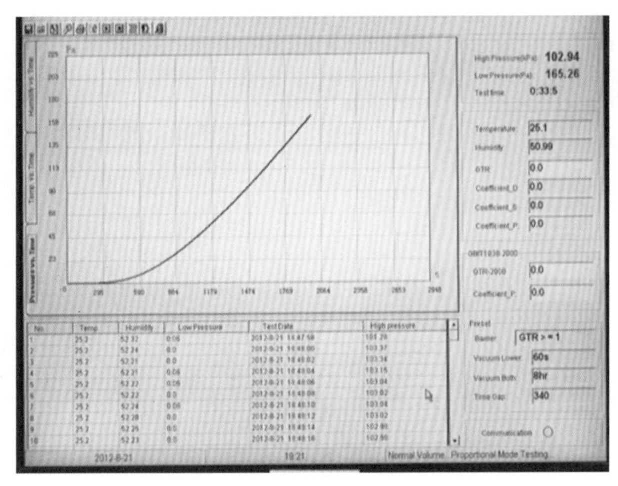

图 2－37 试验

二、热封强度检测

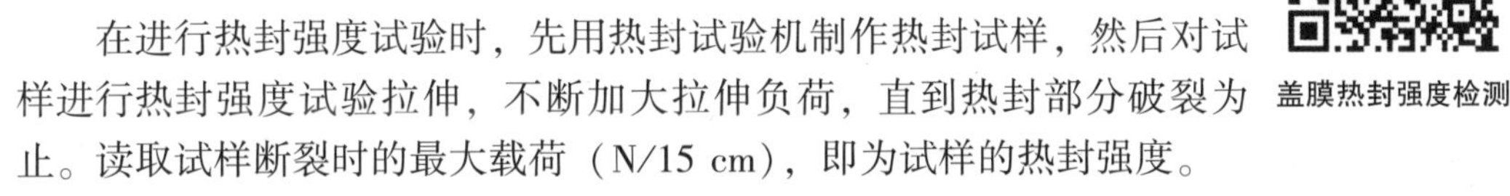

盖膜热封强度检测

（一）检测原理

在进行热封强度试验时，先用热封试验机制作热封试样，然后对试样进行热封强度试验拉伸，不断加大拉伸负荷，直到热封部分破裂为止。读取试样断裂时的最大载荷（N/15 cm），即为试样的热封强度。

（二）检测过程

果冻盖膜要求易撕，同时还要有一定强度，确保封口不漏气。热封强度检测的是果冻盖膜与杯体之间的强度，一般杯体的材质为 PP、PE 和 PS（聚苯乙烯）等，首先要明确杯体的材质，盖膜和杯体材料都先裁取 15 mm 宽度；其次，在热封机上根据生产实际设置好相应的热封温度、热封压力和热封时间；制完样后，在万能拉力机上检测热封强度，具体如图 2－38 ~ 图 2－42 所示。

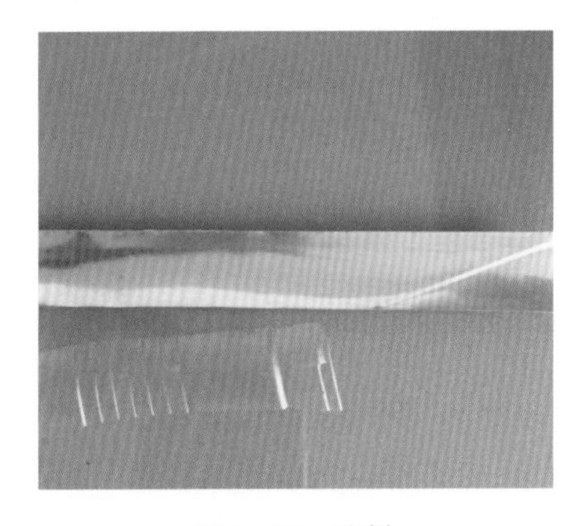

图 2－38 取样

图 2－39 设置温度

图 2－40　设置时间和压力

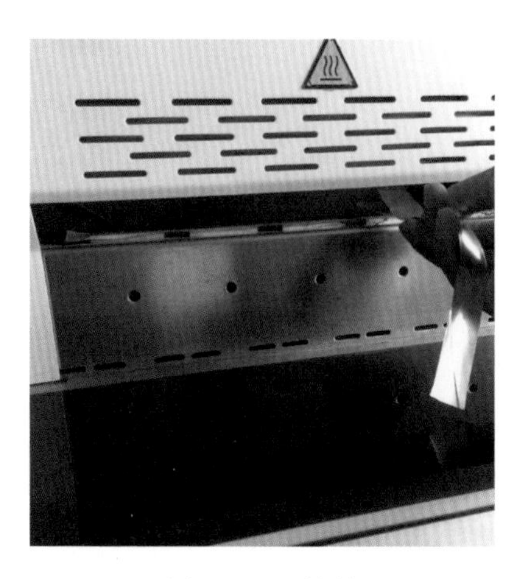

图 2－41　热封

图 2－42　检测热封强度

三、剥离强度检测

（一）检测原理

将果冻盖膜取样 15 mm 宽，在试验速度为 300 mm/min 情况下进行 T 型剥离，测定复合层之间的平均剥离力。

剥离强度检测

（二）检测过程

果冻盖膜要求膜与膜之间有一定的强度，否则在易撕盖撕开时往往出现复合膜分离而易撕盖仍然附着在杯体上。剥膜取样的规格是 15 mm × 200 mm，夹具之间的距离只要能夹住被剥离的膜即可；若无法剥膜，薄膜的一端可采用溶剂浸泡，但需去掉一定距离，不计入剥离强度值内，检测的速度为300 mm/min。具体如图 2－43 ~ 图 2－46 所示。

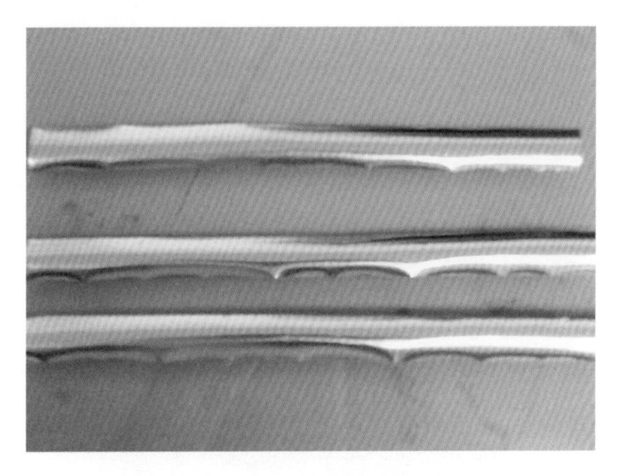

图 2－43　取样

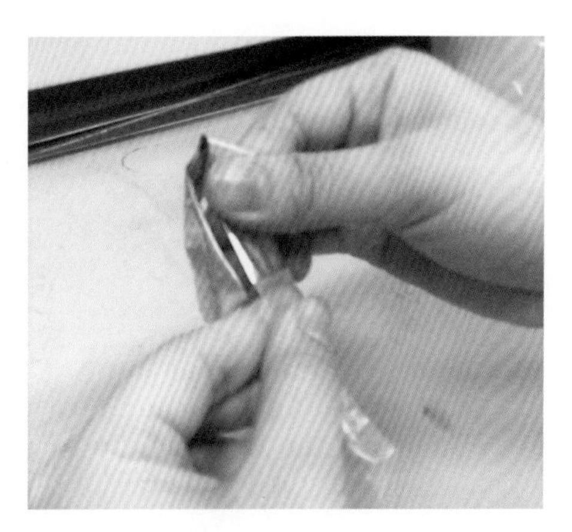

图 2－44　剥膜

图 2－45　检测

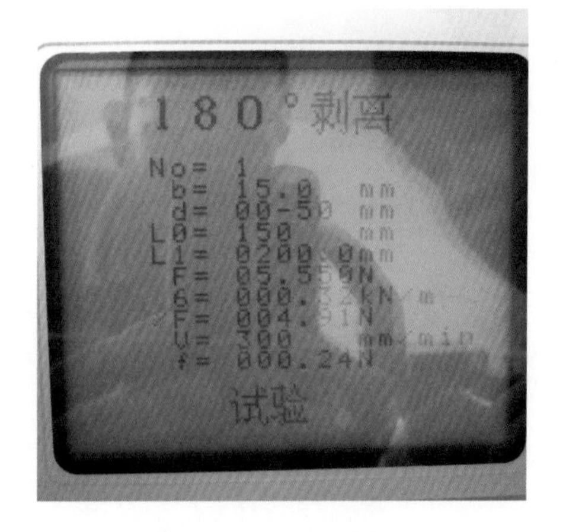

图 2－46　试验数据

四、溶剂残留量检测

（一）检测原理

溶剂残留量检测

包装用复合包装材料在印刷、干式复合工序中使用了一定量的有机溶剂，如甲苯、二甲苯、乙酸乙酯、丁酮、乙酸丁酯、乙醇、异丙醇等，这些溶剂最终或多或少地残留在包装材料中。若使用含有较高残留溶剂的包装材料来包装果冻，将会危害人们的身体健康，影响果冻的风味。GB/T 10004—2008 规定食品包装的溶剂残留总量≤5.0 mg/m^2，其中苯类溶剂不检出。本项目中的溶剂残留量的检测采用氢火焰离子检测型气相色谱仪。

气相色谱法是以气体作为流动相（载气），当样品被送入进样器后由载气携带进入色谱柱。样品中各组分在色谱柱中的流动相（气相）和固定相（液相或固相）间分配或吸附系数存在差异。在载气的冲洗下，各组分在两相间做反复多次分配，使各组分在色谱柱中得到分离，然后由接在柱后的检测器根据组分的物理化学特性，将各组分按顺序检测出来。其分离过程如图 2－47 所示。

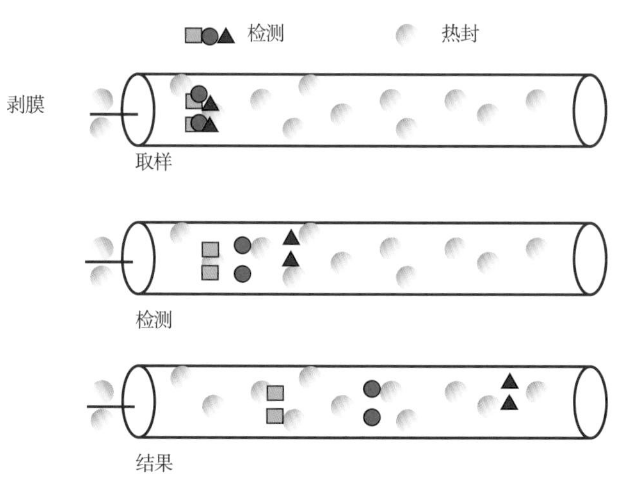

图 2-47　气相色谱分离过程

（二）检测过程

溶剂残留量检测时裁取 0.2 m^2 待测试样，并将试样迅速裁成 10 mm×30 mm 的碎片，放入清洁的 80 ℃条件下预热过的瓶中，立即密封，送入（80±2）℃干燥箱放置 30 min，然后用气相色谱仪检测，检测过程如图 2-48～图 2-53 所示。

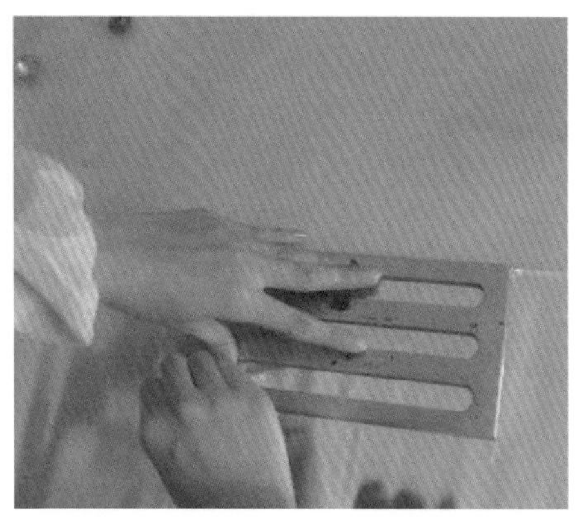

图 2-48　薄膜取样

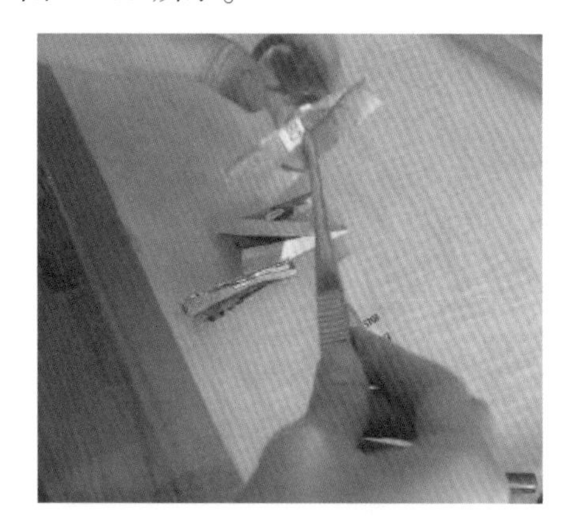

图 2-49　装样

图 2-50　烘样

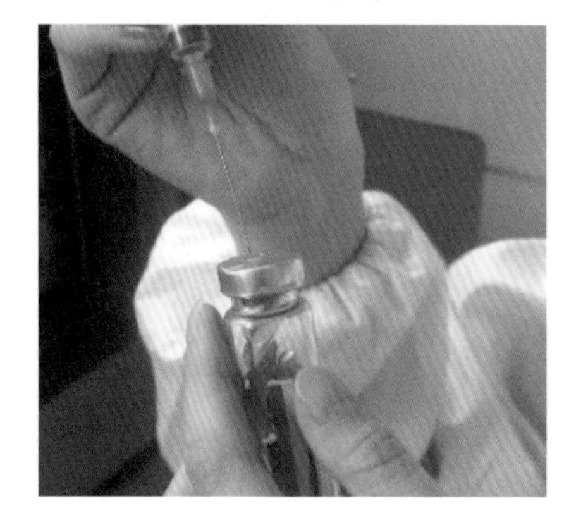

图 2-51　抽样

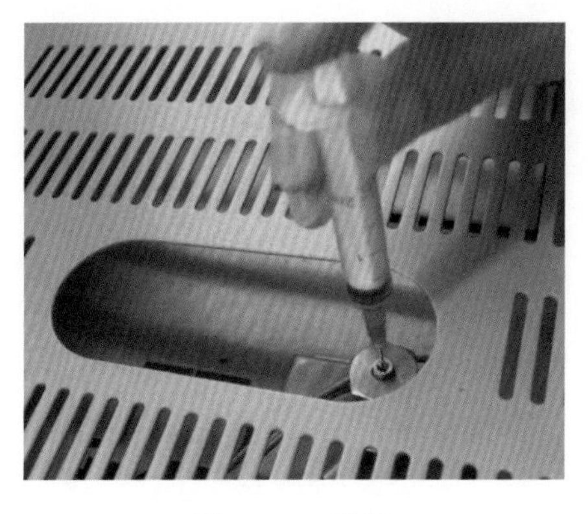

图 2－52　进样

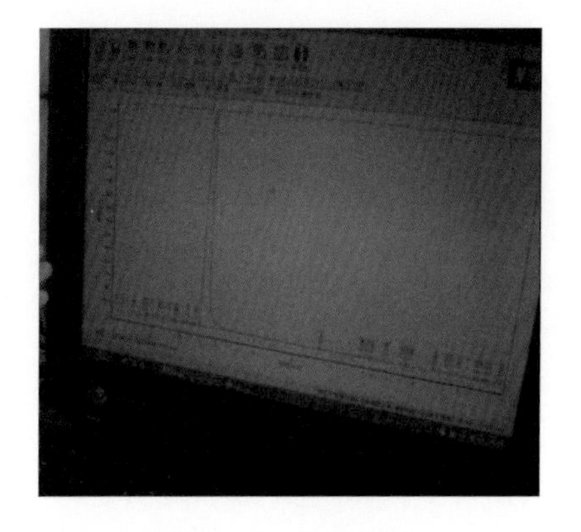

图 2－53　数据读取

任务六　果冻盖膜报价

卷膜价格计算公式如下：

卷膜价格 = 平方单价 × 产品尺寸（卷膜面积）

一、平方单价

平方单价的计算公式如下：

平方单价 =（原料平方单价 + 综合加工费）×（1 + 毛利率）

原料平方单价 = 密度 × 厚度 × 材料单价 ×（1 + 耗损）

（印刷膜耗损算 15%，其他膜为 10%）

综合加工费 = 印刷 + 复合 + 分切（都以 m^2 计算）

式中　印刷——0.5 元/m^2（视油墨的面积而变化）；

复合——0.25 元/m^2（加一层多加一次）；

分切——0.06 元/m^2。

二、产品面积

卷膜的面积单位为 m^2，具体计算如下。

宽度：分切小黑块的尺寸一般为 10 mm × 5 mm，两边印刷套印分别留空 10 mm，果冻盖膜的重复单元为 324 mm × 113 mm，因此盖膜的印刷膜宽膜为 10 × 2 + 324 × 2 = 668 ≈ 670 mm，如图 2－54 所示。

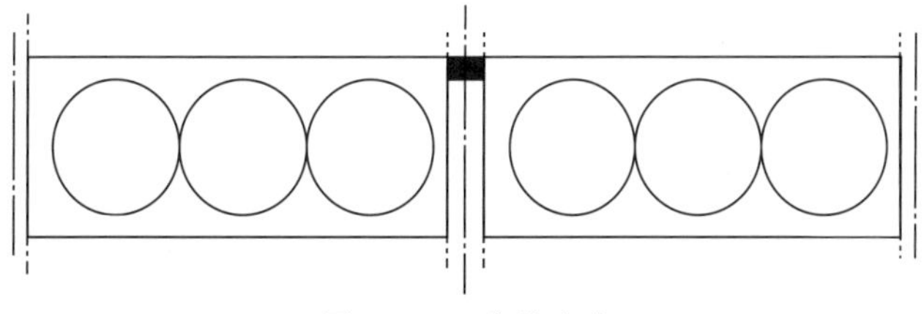

图 2－54　产品宽度

长度：卷膜的长度，根据分切工艺单，一卷膜的长度为 505 m。

一卷膜的面积：宽度 × 长度，即 $0.67 \times 505 = 338.35$（m^2）。

三、制版费

对于首次下单的产品，在袋子报价的同时还需要加上印刷的制版费，每个印刷颜色需要制一根印版。

$$制版费 = 版长 \times 周长 \times 单价(0.25\ 元/cm^2) \times 印刷数色$$

例题：喜之郎果冻盖膜的材料为 BOPA15/EVOH55/PT1450 - 30，交货成品为卷膜，卷膜规格是 324 mm × 113 mm，20 000 m，七色印刷，材料密度根据表 2 - 4 查询。

表 2 - 4　材料密度表

英文代号	名称	密度/($g \cdot cm^{-3}$)	材料厚度规格/μm
BOPA	双向拉伸聚酰胺	1.2	15
EVOH	乙烯 - 乙烯醇共聚物	0.94 ~ 0.96	30 ~ 300
PT1450	聚乙烯树脂	0.925	20 ~ 110

根据市场价格，已知 BOPA 薄膜的价格为 25 500 元/吨，EVOH 为 27 200 元/吨，PT1450 树脂价格为 15 000 元/吨。求该盖膜的价格。

解：(1) 原料平方单价：

$$BOPA15 = 1.2 \times 0.015 \times 25.5 \times 1.15 = 0.528\ (元/m^2)$$

$$EVOH55 = 0.95 \times 0.055 \times 27.2 \times 1.1 = 1.563\ (元/m^2)$$

$$PT1450 - 30 = 0.925 \times 0.03 \times 15 \times 1.1 = 0.458\ (元/m^2)$$

(2) 综合加工费：

$$0.5 + 0.25 \times 2 + 0.06 = 1.06\ (元/m^2)$$

(3) 20 000 m 卷膜面积：

$$0.67 \times 20\ 000 = 13\ 400\ (m^2)$$

(4) 20 000 m 卷膜的报价：

$$(原料平方单价 + 综合加工费) \times (1 + 毛利率) \times 面积$$
$$= (0.528 + 1.563 + 0.458 + 1.06) \times (1 + 25\%) \times 13\ 400$$
$$\approx 60\ 451\ (元)$$

即 20 000 m 卷膜的价格为 60 451 元。

(5) 制版费：

根据袋子的尺寸，印刷的排版方式如图 2 - 55 所示，两边需留空 10 mm 设置印刷套印线等。

版长：$324 \times 2 + 20 \approx 670$（mm）

版周：$113 \times 5 = 565$（mm）

则制版费：$0.25 \times 67 \times 56.5 \times 7 \approx 6\ 625$（元）

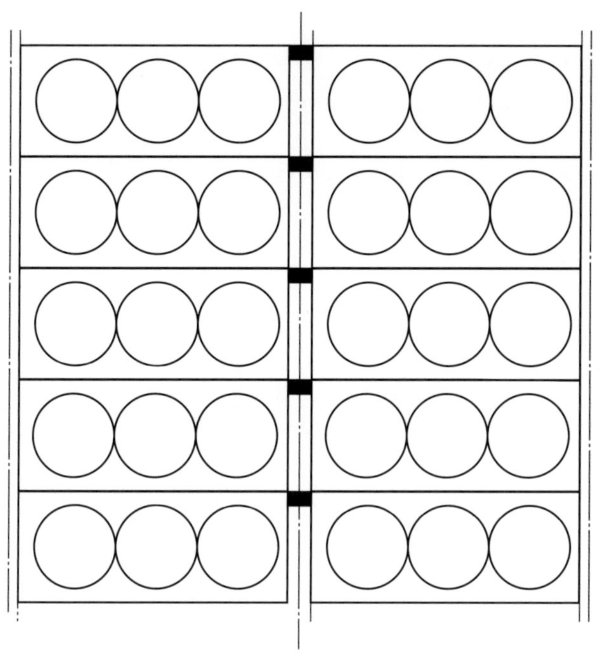

图 2－55　印刷的排版方式

学习情境三

鸭脯高温蒸煮袋设计与加工

任务一　鸭脯高温蒸煮袋要求分析及选材

一、鸭脯包装的要求分析

鸭脯熟食包装要求分析

鸭脯是一款常见的休闲食品，高蛋白低脂肪，纤维疏松，肉质鲜嫩，肥而不腻，是佐酒美味、送饭佳肴及宴客送礼佳品。鸭脯在包装过程中需要抽真空，并在 121 ℃蒸煮 30 min，而且本项目的鸭脯在制作过程中会加入辣椒油，油脂在光照条件下会加速氧化，因此包装材料应具有耐高温性、耐油性、挡光和满足一定的阻气性要求。

二、鸭脯包装的材料选用

根据鸭脯包装要求，本项目选用的材料为 BOPET12/Al7/RCPP70。

(一) BOPET

1. BOPET 材料性能

PET 是对苯二甲酸和乙二醇缩聚反应形成的线性高聚物材料，其在软包装应用时常见规格为 12 μm。

BOPET 薄膜是 PET 树脂经 T 型模挤出后双向拉伸所制得的，具有优良的性能。

BOPET 材料性能

(1) 力学性能：抗拉强度高，极薄的产品就能满足需要，刚性强、硬度高。

(2) 耐寒耐热性：适用的温度范围达 -30 ~ 150 ℃，在较宽的温度范围内保持优良的物理力学性能，适合绝大多数产品包装。

(3) 阻隔性：优良的综合阻水、阻气性能，不像尼龙受湿度影响大，其阻水性类似于 PE。透气系数小，对空气、气味的阻隔性较好，是保香性材料之一。

2. BOPET 的质量要求

BOPET 的质量要求如表 3 - 1 所示。

表 3－1　BOPET 的质量要求

项目	检测标准	指标值
公称厚度/μm	DIN53370	12
拉伸强度（MD/TD）/MPa	ASTM D882A	220/220
伸长率（MD/TD）/%	ASTM D882A	130/130
模量（MD/TD）/MPa	ASTM D882A	4 000/4 000
尺寸稳定性（MD/TD）/%	ASTM D1204	2.0/0.5
雾度/%	ASTM D1003	2.8

3. BOPET 的应用

PET 具有非常高的力学强度（可做重包装）和刚性，极性大，表面张力大，耐高温和低温，透明度和光泽度都很好，对气体和水的阻隔性好，有较好的保香性，印刷适应性好，多用于外层，适宜制作对阻隔性能要求高或需要经高温杀菌的蒸煮袋，也可用于阻气要求不太高的中间阻气层，同时起到增挺的作用。

（1）在产品附加值较高、阻气性要求较高的情况下，可用 BOPET 做包装材料。如咖啡包装的材料结构为 BOPET12/Al7/mPE70（图 3－1），营养米粉包装的材料结构为 PET12/VMPET12/mPE35（图 3－2）。

图 3－1　咖啡包装

图 3－2　营养米粉包装

（2）从拉伸角度考虑，BOPET 一般应用于产品净含量在 1 kg 左右的包装袋，如洗衣液包装材料结构为 BOPET12/BOPA15/mPE110（图 3－3）。

（3）BOPET 可以耐 150 ℃，因此可制成高温蒸煮袋，如酱汁牛肉包装的透明材料结构为 BOPET12/BOPA15/挤 PE25/IPE45（图 3－4），甘栗包装非透明袋材料结构为 BOPET12/Al7/BOPA15/CPP70（图 3－5）。

（4）BOPET 由于阻气性能佳，还可作为阻隔层材料，并同时起到增挺的作用，用于阻气性能要求不是特别高的透明包装袋，如樟脑丸包装材料结构为 PET12/PET12/IPE40（图 3－6）。

图 3－3　洗衣液包装

图 3－4　酱汁牛肉包装

图 3－5　甘栗包装

图 3－6　樟脑丸包装

（二）Al

Al 材料的特征

1. Al 材料的特性

Al（铝箔）的常见规格有 7 μm 和 9 μm。

铝箔是软包装材料中唯一的金属材料，其阻水、阻气、遮光、保味性是其他任何包装材料所难以匹敌的，是至今尚不能完全取代的包装材料。铝箔是采用 99.0%～99.7% 纯度的电解铝，经过多次压延所制得的，资源丰富，性能价格比具相当优势。铝箔具有以下性能。

（1）具有闪亮的金属光泽，装饰性强。

（2）无毒、无味、无臭，适合各种食品、药品包装。

（3）相对重量轻，比重仅是铁、铜等的 1/3，富有延伸性，厚度薄，单位面积重量小。

（4）遮光性好，反光率可达 95%，常用于反光材料。

（5）保护性强，使包装内容物不易受细菌、真菌和昆虫的侵害。

（6）高温和低温状态稳定，温度在 -73 ~ 371 ℃时不胀缩变形。

（7）阻隔性极好，防潮、不透气、保香，可防止包装内容物的吸潮、氧化和挥发变质。其阻湿、阻氧性如表 3 - 2 所示。

表 3 - 2　铝箔阻湿、阻氧性

厚度/μm	水蒸气透过量/[g/(m^2 · 24 h)]	氧气透过量/[ml/(m^2 · 24 h)]
9	1.08 ~ 10.70	0 ~ 200
13	0.6 ~ 4.8	0 ~ 180
18	0 ~ 1.24	0 ~ 8
25	0 ~ 0.46	0
30 ~ 150	0	0

（8）易于加工，能与各种塑料薄膜及纸等复合。

（9）缺点是本身的强度低，极易撕裂，不能单独用于包装产品。折叠时易断裂，产生孔眼，不耐酸碱。

2. 铝箔的质量要求

1）外观

铝箔表面应清洁、光亮、平整，无叠层、裂口、压痕，无腐蚀痕迹和燃烧的油留下的粗糙面，无润滑油痕迹和斑点，无煤油味。

2）除油污度

复合包装用铝箔的油污等级应用 A ~ B 级。

测试方法如下：将未玷污折损的铝箔样品置于45°角的托板上，在样品的两边和中间滴上标准液，凡不成珠状而摊平流下的即符合该级标准。

标准液规定如下。

A 级：系以蒸馏水试。

B 级：系以含 10% 酒精的蒸馏水试。

C 级：系以含 20% 酒精的蒸馏水试。

D 级：系以含 30% 酒精的蒸馏水试。

铝箔要经过退火除去压延油污，有油污的铝箔复合后剥离强度会明显降低。

3）针孔

理论上铝箔是完全阻隔性材料，但铝箔在加工中受到轧制工艺、轧制油、轧制辊的状况和生产环境的影响，不可避免地会出现针孔等缺陷，所以铝箔的阻隔性就取决于针孔数量和针孔大小，针孔是铝箔质量的重要指标。

GB 3198—2010 对针孔做如下规定：铝箔表面允许有对光用肉眼可见的针孔，但针孔不得密集成行，铝箔针孔直径不得大于 0.3 mm，并且 7 ~ 9 μm 厚的铝箔不能超过 200 个/m^2。

针孔度的检验需用针孔检查台：采用800 mm×600 mm×300 mm或适当体积的木箱，木箱内安装30 W日光灯，木箱上面放一块玻璃板，玻璃板衬黑纸并留有400 mm×250 mm空间以检查试样针孔。在铝箔成品中取400 mm×250 mm的试样20张，逐张放在针孔检查台上，在暗处检查其针孔。对针孔的要求是，不应有密集的、连续性的、周期性的针孔，不能有直径大于规定的针孔。

3. Al的应用

（1）高温蒸煮袋需要在121 ℃以上蒸煮消毒，要求材料具有耐高温性，若采用不透明包装，必须采用铝箔复合，镀铝膜不耐高温。如鸡内脏包装的材料结构为PET/Al/CPP（图3－7）。

图3－7　鸡内脏包装

（2）婴幼儿奶粉因其营养成分比较高，国家标准规定其包装中间层必须用铝箔，不能用镀铝膜，故婴幼儿奶粉包装的材料结构为PET/Al/PA/mPE（图3－8）。

（3）阻隔性要求高的、比较高档的产品，若保质期要求一年以上，一般采用铝箔，因铝箔的阻隔性是目前所有材料中最好的，但其价格比镀铝膜贵，如蛋白粉包装袋的材料结构为BOPET/Al/mPE（图3－9）。

图3－8　婴幼儿奶粉包装

图3－9　蛋白粉包装袋

（三）真空镀铝膜

镀铝膜材料的特征

1. 真空镀铝膜材料特性

在包装用金属化薄膜中，镀铝膜是唯一的，镀铝膜加工方便，产品性能较高，在复合包装中获得广泛运用。

在 10^{-2} Pa 的高真空下，铝丝加热到 1 400 ℃左右，汽化后附着在各种基材上，形成真空镀铝薄膜，铝层厚度一般在 350 ~ 550 Å。

真空镀铝的基材常用的有纸、PET、CPP 等。

真空镀铝膜具有以下特点。

（1）具有金属光泽，装饰性强，却没有铝箔因强度低不能弯曲的特点。

（2）极大地提高了阻隔性，具有优异的阻氧、阻水、避光性。

（3）容易出现铝转移现象。

2. 真空镀铝膜检测质量要求

1）厚度

包装行业标准对 VMBOPET（双向拉伸聚酯镀铝膜）、VMBOPP（双向拉伸聚丙烯镀铝膜）、VMCPP（流延聚丙烯镀铝膜）的镀铝层厚度指标为≤2. 50 Ω/□，镀铝层均匀度指标为 ±15%。

厚度检测方法如下。

试样金属镀层为一段金属导体，依据欧姆定律测量规定长度和宽度试样的金属镀层电阻值，以方块电阻表示金属镀层的厚度或直接计算其厚度（表 3 - 3）。

表 3 - 3　真空镀铝层厚度

方块电阻/（Ω/□）	铝层厚度/Å
3	320
2. 7	360
2. 35	400
2. 05	440
1. 8	480
1. 55	520
1. 3	560
1. 0	600

例题：电阻值为 2 Ω/□，则其镀铝层厚度为多少？

解：根据表 3 - 3 可知方块电阻和铝层厚度之间呈线性关系，设线性关系式：$y = f(x)$，电阻值为 2 Ω/□，则有 $x_0 = 2$、$x_1 = 2.7$ 和 $x_2 = 2.35$。

已知 $f(x_1)$ 和 $f(x_2)$，则

$$f(x_0)=f(x_1)\times(x_2-x_0)/(x_2-x_1)+f(x_2)\times(x_1-x_0)/(x_1-x_2)$$
$$=360\times(2.35-2)/(2.35-2.7)+400\times(2.7-2)/(2.7-2.35)$$
$$=440\ (\mathring{A})$$

电阻值为2 Ω/□，则其镀铝层厚度为440 Å。

2）附着力

包装行业标准对VMBOPET、VMBOPP、VMCPP薄膜的镀铝层附着力指标为≤20%。

沿镀铝薄膜的纵向裁取3条宽约100 mm、长约250 mm的样品。将剥离强度（2.0±0.2）N/cm的透明BOPP压敏胶带分别粘贴到镀铝薄膜的镀铝面上，而后裁成15 mm宽的试样。镀铝膜与压敏胶带间应粘贴紧密，不得有气泡、褶皱等缺陷。将试样一端剥开50 mm，把两端分别夹到拉力试验机的夹具上，以（250±25）mm/min的速度进行拉伸剥离，有效剥离长度为100 mm，试验后测量每条试样镀铝层的脱落面积。

3. 真空镀铝膜应用

真空镀铝膜可以分为VMPET（聚酯镀铝膜）和VMCPP，其中VMPET又可以分为普通型和增强型，VMPET用在中间当阻气层，但普通型的VMPET由于容易发生铝转移只用于常温产品，增强型的VMPET可以用于水煮产品。VMCPP由于CPP具有热封性，因此其应用在阻气性要求不高的场合。

1）普通型的VMPET

普通型的VMPET应用在阻气性相对较高的普通包装，如薯片包装材料结构为BOPP28/VMPET12/CPP30（图3-10），成人奶粉包装材料结构为BOPET/VMPET12/mPE（图3-11）。

图3-10　薯片包装

2）增强型的VMPET

增强型的VMPET在加工过程中涂布底胶，镀铝层与薄膜间的附着力比较高，因此可应用在需要水煮的且要求具有一定阻隔气体性的包装，如榨菜包装的材料结构为BOPP28/VMPET12（增强型）/PE30（图3-12）。

3）VMCPP

VMCPP 由于基材 CPP 材料的阻气性能不佳，一般应用于对阻气要求不高的普通包装，如饼干、糖果等的休闲食品包装的材料结构为 BOPP28/VMCPP30（图 3－13、图 3－14）。

图 3－11　成人奶粉包装

图 3－12　榨菜包装

图 3－13　饼干包装

图 3－14　糖果包装

（四）RCPP

1. RCPP 材料特性

RCPP 是耐高温蒸煮的流延聚丙烯，CPP 薄膜的特点是：透明度高，平整度好，耐温性好，具有一定挺括度，不失柔韧性，热封性好。

2. RCPP 的质量要求

RCPP 的质量要求如表 3－4 所示。

表 3－4　RCPP 的质量要求

检验项目	技术要求
厚度/μm	60
雾度/%	8
拉伸强度（MD/TD）/MPa	35/25
伸长率（MD/TD）/%	400/500

续表

检验项目	技术要求
摩擦系数	0.8
热封强度/(N/15 mm)	25
起始热封温度/℃	140

3. RCPP 应用

RCPP 是常见的热封材料，其可制作成适合高温蒸煮的包装袋，如玉米熟食包装结构为 BOPA/RCPP。

三、常见软包装材料的鉴别与应用

常见软包装基材的鉴别

（一）常见软包装材料的鉴别

常见的透明薄膜有 BOPP、BOPET、BOPA、CPP 和 PE，不透明的基材有 Al 和镀铝膜。在实际生产中我们需要对常见的材料进行鉴别，如何鉴别这些材料，可以通过看、拉和烧等方法。

1. 看

不同材料具有不同的透明性和颜色，以上基材中通过看可以鉴别出 Al、镀铝膜、珠光 BOPP 和消光 BOPP。

（1）Al：具有金属光泽，有暗面和亮面之分，易撕裂。

（2）镀铝膜具有金属光泽，并且光泽均匀，不易撕裂，且容易拉伸的是 VMCPP，不易拉伸的是 VMPET。

（3）珠光 BOPP 带有珍珠光泽，表面呈白色，具有一定的刚性。

（4）消光 BOPP 没有光泽，具有磨砂的感观，摸上去感觉较柔软。

2. 拉

（1）易拉伸的薄膜有 CPP、PE。

CPP 和 PE 的区别如下。

①透明性：CPP 的透明性较好；PE 则呈乳白色，而且随着厚度的增加，透明性会下降。

②拉伸感观：CPP 在拉伸时易断层；PE 不易断层，断裂伸长率大，即拉很长后才断。

（2）不易拉伸的薄膜有 BOPET、BOPA 和 BOPP。

普通 BOPET、BOPA 和 BOPP 的区别如下。

①BOPET：摇晃时有金属脆感。

②BOPA：柔软，燃烧时会发出羊毛烧焦味。

③BOPP：具有一定的刚性，燃烧时空气中冒白烟，滴入水中冒黑烟。

（二）常见软包装材料的应用

印刷层包括 BOPP、BOPET 和 BOPA；中间阻隔层包括 Al、真空镀铝膜（VMPET 和 VMCPP）和 EVOH；热封层包括 CPP、PE（LDPE、LLDPE 和 mPE）和离子型树脂等。

1. 印刷层

印刷层性能及用途如表 3－5 所示。

表 3－5　印刷层性能及用途

印刷膜	包装对象克重	耐温性	用途
BOPP	<800 g	常温休闲食品包装、水煮	印刷膜
BOPET	1 kg 左右	水煮、高温或超高温蒸煮或常温相对较高档的包装，袋子相对较硬，成本低	印刷膜，中间阻隔层膜，起增挺作用
BOPA	>1.7 kg	水煮、高温或常温相对较高档的包装，袋子柔软，成本高	印刷膜，中间阻隔层膜，起抗拉耐冲击性作用

从拉伸强度的角度来看，包装对象克重小于 800 g 的可以选用 BOPP，1 kg 左右的普通包装选用 BOPET，大于 1.7 kg 的需要选用拉伸强度更高的 BOPA。从耐温性和阻隔性角度来看，由于 BOPP 最高使用温度为 120 ℃，并且阻气性能差，其应用在常温的休闲食品包装或水煮袋的印刷层；BOPET 和 BOPA 可以应用在高温蒸煮袋，并且阻气性好，还可应用在中间当阻隔层，BOPA 的阻气性要好于 BOPET，而且 BOPA 相对比较柔软，透明的真空包装更适合选用 BOPA，非透明的高温蒸煮袋印刷层一般选用 BOPET，在超高温蒸煮时，由于 BOPA 易受潮变形，BOPET 更适合此种情况。

2. 中间阻隔层

中间阻隔层性能及用途如表 3－6 所示。

表 3－6　中间阻隔层性能及用途

阻隔层膜	耐温性	用途
Al	常温、高温蒸煮	阻气性要求高的不透明包装，保质期 1 年以上
VMPET	常温，增强型的可以水煮	阻气性相对较高的不透明包装，保质期 9～12 个月
VMCPP	常温	阻气性要求不太高的不透明包装，阻气层与热封层合二为一
EVOH	常温、高温	阻气性要求高的透明包装，多用于火腿、鲜酱肉等肉制品

从表 3－6 中可以看出，Al 和 EVOH 可以应用在高温蒸煮袋，Al 应用在不透明场合，EVOH 应用在透明场合。VMPET 增强型的可以用于水煮情况，VMPET 普通型的和 VMCPP仅应用于常温情况，并且 VMCPP 是阻隔层和热封层合二为一，适用于阻气性要求不高的场合。

3. 热封层

热封层性能及用途如表 3 – 7 所示。

表 3 – 7　热封层性能及用途

热封膜	耐温性	常温
CPP	耐高温，不耐低温	油脂含量高的产品，透明要求高的包装袋
PE	耐低温，不耐高温	重包装，需要抗污染的热封膜（粉剂或液体）
离子型树脂	耐低温，不耐高温	低温热封材料，用于易热变物质的包装

热封层常用的材料为 CPP 和 PE，从表 3 – 7 中可以看出，CPP 和 PE 两者的耐温性刚好相反，CPP 耐高温不耐低温，而 PE 是耐低温不耐高温，随着改性技术的快速发展，PE 材料目前也能应用于高温蒸煮，但价格较贵。因此 CPP 经常应用在高温蒸煮袋，PE 应用在冷冻包装。CPP 的耐油性好，而且透明，PE 热封强度高，并且具有抗污染性，因此在常温情况下，油脂含量高的选用 CPP，重包装、粉剂和液体包装选用 PE。离子型树脂（沙林、牢靠等）是低温热封材料，即热封温度较低，而且具有优良的抗污染性，主要应用于易热变物质的包装，如巧克力包装等。

（三）常见材料应用举例分析

1. 薯片

薯片是油炸食品，且易碎，常用氮气进行充填，因此薯片包装材料要求具有一定的阻气性和阻光性，热封材料具有一定的耐油性，薯片印刷层可选用 BOPP、中间阻隔层选用 VMPET、热封层选用 CPP。

2. 洗衣液

洗衣液主要考虑防潮和抗跌落冲击，热封层需要考虑抗污染性，包装材料的选用主要依据洗衣液的净重而定，若克重较小，则印刷层选用 BOPP、热封层选用 mPE 即能满足要求；若克重较大，对抗跌落冲击要求较高，建议选用 BOPA/mPE 或 BOPET/BOPA/mPE，因为 BOPA 具有很好的抗拉耐冲击性。

3. 板蓝根冲剂

板蓝根冲剂主要包装要求是防潮，因此印刷层选用 BOPP，热封层选用 PE 或 VMCPP，虽然 VMCPP 没有抗污染性，但由于 CPP 镀了铝之后具有导电性，封口不容易吸附粉剂。

4. 榨菜（透明和非透明）

榨菜是腌制食品，不容易变质，杀菌仅需水煮即可，而且榨菜需要抽真空包装，要不然易变色，因此透明包装印刷层选用阻气性能较好的 BOPA，热封层选用 PE；非透明包装袋印刷层选用 BOPP，中间阻气层选用 VMPET 增强型，热封层选用 PE。

5. 鸡翅（透明和非透明）

鸡翅属于熟食，易变质，因此需要高温蒸煮，透明包装印刷层和中间阻气层合二为

一选用 BOPA，热封层选用 CPP。非透明包装印刷层可选用 BOPET，中间阻气层选用 Al，热封层选用 CPP。

任务二　鸭脯高温蒸煮袋印刷工艺

印刷工艺单					
产品结构	PET12//Al7//RCPP70				
印刷基膜	PET12×780	μm×mm	电晕强度	≥46 dyn	
放卷输入张力	90~120 N	收卷输出张力	100~130 N		
放卷张力	70~90 N	收卷张力	80~100 N		
印版尺寸	500 mm	印版重复长度	横 95 mm，纵 50 mm		
干燥温度/℃	1#	2#	3#	4#	5#
	50~60	50~60	60~70	70~80	90~100
NO.	色序	油墨类型及配比	黏度		
1	群青	AR507 蓝 + AR507 紫点绿	15		
2	黑	AR805 黑	15		
3	红	AR 红 + 溶剂 + 3% 固化剂	15		
4	黄	AR407 黄点橙 + 3% 固化剂	15		
5	白	AR 白 + 3% 固化剂	15		
控制要点	成品要求	右开口	印刷出卷及上版方向	无要求	
	1. 颜色严格按照标准样控制生产。 2. 保证底色的均匀度及饱和度。 3. 注意字迹清晰，防止堵版、刀线等印刷问题。 4. 油墨黏度控制范围 ±2，张力控制范围 ±20%。 5. 产品供货规格：横向为 95 mm；纵向为 50 mm。 6. 注意溶剂残留量的控制，下机按要求送理化室检测				

一、印刷数色

鸭脯肉高温蒸煮袋印刷工艺单解读

图片中红色和橙色渐变，属于不同色相，因此是红色和黄色的套印。

商标采用专红色，但这个色相与套色中的红属于同一种红；QS 也采用了专蓝色；细线条文字采用黑色；大面积底色采用白色。

因此鸭脯高温蒸煮袋的印刷颜色由黑色、白色、原黄、专红和 QS 专蓝五色组成（图 3－15）。

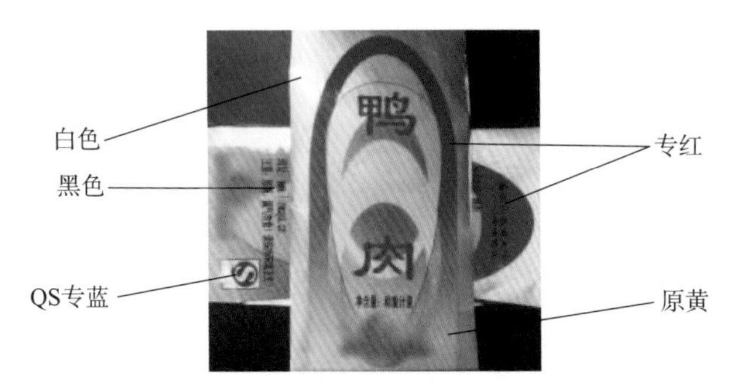

图 3－15　鸭脯高温蒸煮袋印刷颜色

二、产品尺寸

横 95 mm，纵 50 mm，排版时进行横向展开排版，展开后的重复长度为 95 × 2 = 190（mm），在横向可以排 4 个 190 mm 的重复长度，再加上两边的套印线尺寸，印刷膜的尺寸即为 95 × 8 + 20 = 780（mm），在版周方向，重复长度为 10 个，即 50 × 10 = 500（mm）（图 3－16）。

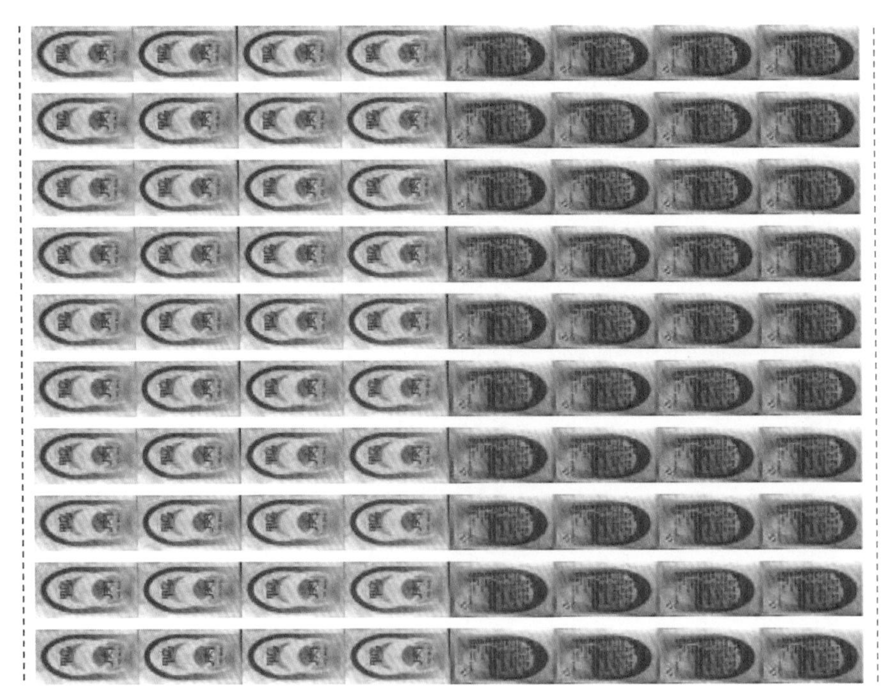

图 3－16　排版

三、油墨配比

（1）要提高印刷油墨的墨膜光泽，应该向油墨内加少许冲淡剂，而不是加调墨油。

（2）选用同类化学性能色料的油墨调色更均匀，因此在同一个产品中印刷的不同颜色都要求是同一厂家同一型号，不同类型的油墨不能相互叠印。

（3）用接近色调配，配色容易成功，而且效果较好。

（4）印刷时要把油墨颜色调浅，正确的方法是使用冲淡剂将色调浅，调深的话加原墨。

（5）高温蒸煮袋一般会在油墨的配比加1%～3%的固化剂，加固化剂可以增强油墨与薄膜的附着力，经过蒸煮后油墨不容易与薄膜离层。

（6）墨盘中收回的剩余油墨，不论存放了多长时间，均不可再用于高温蒸煮产品。

任务三　鸭脯高温蒸煮袋干式复合工艺

干式复合就是指胶黏剂在干的状态下进行复合的一种方法，是先在一种基材上涂好胶黏剂，经过烘道干燥，将胶黏剂中的溶剂全部烘干，在加热状态下将胶黏剂熔化，再将另一种基材与之贴合，然后经过冷却，经熟化处理后生产出具有优良性能的复合材料的过程（图3－17）。

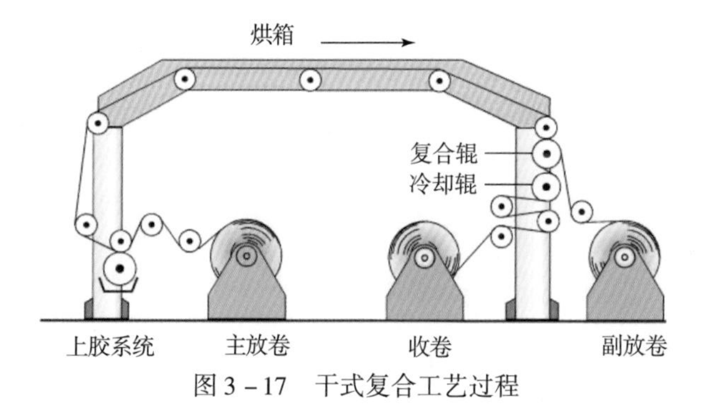

图3－17　干式复合工艺过程

一、干式复合单元结构

（一）涂胶部分

涂胶部分是干式复合的关键部件，包括网纹辊、胶盘、刮刀、抹平辊等（图3－18）。

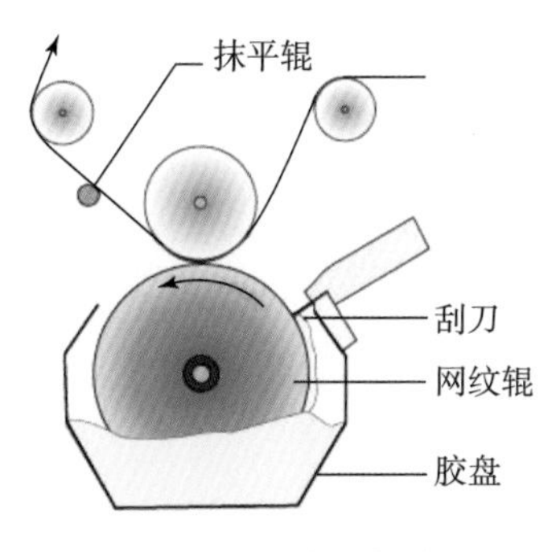

图3－18　涂胶部分

干式复合工艺

网纹辊涂胶的原理与凹版印刷相同，当网纹辊在胶盘中，胶液注满网纹辊的网穴；当网纹辊离开胶液后，其表面平滑处的胶液由刮刀刮去；当网穴中充满胶液的网纹辊与涂胶基膜相接触时，在涂胶压辊加压下，胶液转移到涂胶基膜上，再通过光滑的抹平辊使胶液由不连续的网纹状变成连续的均匀胶液层。转移出去的网纹辊重新浸入胶盘，这样周而复始，形成连续的上胶。

1. 网纹辊

网纹辊又称计量辊。网纹辊的线数决定了胶黏剂的上胶量，并保证胶黏剂以一定的分布密度均匀地铺展于载胶膜的表面上。

2. 涂胶压辊

涂胶压辊的软硬程度影响上胶量，上胶量取决于转移率，涂胶压辊硬度不够，陷入网穴中的部分比较多，即网穴内的胶液量挤压出来的就多，这样上胶量就要比预期的少。同理，涂布压力过大，上胶量变少。因此，在选择涂胶压辊时，一般要选择硬度大的硅胶辊，硬度控制在 HS80 左右，同时复合压力不能过大。另外，在选择涂胶压辊时，还要考虑其长度，一般比上胶膜的宽度窄 5 ~ 10 mm，因为若与印刷膜长度一致或偏大，涂布上胶时胶辊带胶液经热钢辊挤压，容易引起成品收卷粘边。

3. 刮刀

胶黏剂属于黏流体，具有一定的黏度，在高速运转中，对刮刀产生很大冲击力，造成中间受力大，产生变形，使得中间上胶量大于两边。因此在选择刮刀时，刚性要高，并且刮刀压力相对来说也要大一点，同时要注意刮刀的角度与涂胶压辊相切。

4. 抹平辊

胶黏剂承载到载胶膜上时呈点状，因为黏度高的胶黏剂流平性差，尤其是高温蒸煮胶，在进入烘道形成胶膜前，最好用抹平辊外力流平，抹平辊与上胶膜运行方向相反，这样才能得到均匀平整的胶膜，从而减少复合产品的气泡和橘皮现象。这里需要注意保持抹平辊表面的平整度和光洁度，不能有异物，并且在停机时，抹平辊要迅速抬起。

（二）干燥系统

烘道的作用是将干式复合胶黏剂进行干燥，将溶剂残留量控制在相应的范围内，一般采用三段式干燥箱结构。

（三）复合系统

复合系统由第二放卷基材的预热部、复合部和冷却部组成。

1. 预热部

载胶膜通过烘道出来后表面温度比较高，第二放卷基材处于室温，相对比较低，通过对第二放卷基材的预热，可提高胶膜与第二放卷基材的亲和力，提高复合产品的初黏力及复合强度，同时消除第二放卷基材的应力。

2. 复合部

复合部是由复合热辊和复合压辊组成的。复合热辊和复合压辊的表面应光洁，其平

整度、洁净度与复合膜的外观度有很大关系，如辊上有凹陷或黏附异物，那么形成气泡等外观缺陷就会周期性地反映在复合膜上。

3. 冷却部

复合产品在复合部压紧贴合之后，表面温度还比较高，胶黏剂分子间的蠕动还没有停止，需通过冷却部冷却，降低分子间的热运动，从而提高复合膜的初黏力；同时，减少内层复合膜的变形。冷却辊的表面线速度与复合辊同速，可避免张力变化导致的复合膜拉伸变形。设计时，可增加成品在冷却辊上形成的包角，以增加冷却接触面。

二、干式复合工艺

<table>
<tr><td colspan="8">干式复合工艺单</td></tr>
<tr><td>产品结构</td><td colspan="3">PET12//Al7//RCPP70</td><td>工艺流程</td><td colspan="3">印刷—复卷—干复—熟化—制袋—包装</td></tr>
<tr><td>复合顺序</td><td>黏合剂种类及配比</td><td>浓度/%</td><td>黏度/s</td><td>刮刀压力/MPa</td><td>涂胶压力/MPa</td><td>复合压力/MPa</td><td>复合速度/(m·min^{-1})</td></tr>
<tr><td>一遍</td><td>AD811A/进口F/乙酯 = 10: 1: 10</td><td>33 ~ 35</td><td>22 ~ 25</td><td>0.15</td><td>0.35</td><td>0.35</td><td>90</td></tr>
<tr><td colspan="3">收卷张力/N</td><td>基材</td><td>规格/(μm×mm)</td><td>电晕强度/(dyn·cm^{-2})</td><td>放卷张力/N</td><td>出口张力/N</td></tr>
<tr><td rowspan="2">一遍</td><td>主放卷</td><td>PET</td><td>12×780</td><td>≥46</td><td>80</td><td rowspan="2">95</td><td rowspan="2">85　NO. 1</td></tr>
<tr><td>副放卷</td><td>Al 亮面</td><td>7×780</td><td>≥38</td><td>35</td></tr>
<tr><td></td><td colspan="3">干燥温度/℃</td><td>复合温度/℃</td><td>涂布辊规格/#</td><td colspan="2">压印辊宽度/mm</td></tr>
<tr><td>一遍</td><td>60</td><td>70</td><td>80</td><td>70</td><td>95</td><td colspan="2">760</td></tr>
<tr><td colspan="8">产品要求</td></tr>
<tr><td></td><td>端面平齐/mm</td><td>溶剂残留/(mg·m^{-2})</td><td>上胶量/(g·m^{-2})</td><td>剥离强度/(N/15 mm)</td><td>熟化温度/℃</td><td>熟化时间/h</td><td>表现效果</td></tr>
<tr><td>一遍</td><td>≤4</td><td>≤5</td><td>3.8 ~ 4.0</td><td>≥4.0</td><td>45</td><td>48 ~ 60</td><td>良好，无气泡、白斑</td></tr>
<tr><td>工艺关键控制</td><td colspan="7">1. 生产前清理好烘道和各导辊、压印辊、复合辊，保证清洁无异物。
2. 对照标准样检查印刷膜，测重复长度，检查出卷方向。
3. 生产中控制好各部分张力，防止出品及复合、收卷打褶，控制好进风量、排风量，控制溶剂残留量。
4. 收卷松紧适中，防止熟化后出现严重皱褶，收卷用 6 英寸纸管。
5. 11—3 月熟化温度 45 ℃，熟化时间 60 h</td></tr>
<tr><td>备注</td><td colspan="7">1. 实际生产时温度可以在给定值 ±5 ℃内波动。
2. 实际生产时张力可以在给定值 ±10% 内波动。
3. 实际生产时压力可以在给定值 ±0.1 MPa 内波动</td></tr>
</table>

（一）胶黏剂的配置

溶剂型的聚氨酯胶黏剂一般由主剂、固化剂和溶剂三个基本成分配制。其中主剂是含有很多活泼氢如羟基、羧基和氨基的物质，固化剂是含有异氰酸酯的化合物(—NCO)，溶剂一般是乙酸乙酯。

主剂和固化剂的配比一般由胶黏剂厂家提供，溶剂的量则由配制的胶水浓度决定。因为配胶前后胶水中的固含量不变，溶剂由以下公式计算：

$$m_{主} \times C_{主} + m_{固} \times C_{固} = (m_{稀} + m_{主} + m_{固}) \times C$$

$$m_{稀} = \frac{m_{主} \times C_{主} + m_{固} \times C_{固}}{C} - (m_{主} + m_{固}) \tag{3-1}$$

例题：已知一种胶黏剂主剂固含量为（50±2)%，固化剂含量为（75±2)%，现配比为主剂: 固化剂: 乙酸乙酯=10: 2: 12。

求：(1）其工作浓度为多少?

(2）现将其配成20%工作浓度的胶液，则需要添加多少乙酸乙酯?

解：(1）$m_{主} \times C_{主} + m_{固} \times C_{固} = (m_{稀} + m_{主} + m_{固}) \times C$

根据式（3－1)，代入得

$$10 \times 50\% + 2 \times 75\% = (10 + 2 + 12) \times C$$

则

$$C \approx 27\%$$

(2）将上述数据代入公式得

$$10 \times 50\% + 2 \times 75\% = (10 + 2 + m_{稀}) \times 20\%$$

$$m_{稀} = 20.5$$

即

主剂: 固化剂: 乙酸乙酯=10: 2: 20.5

20.5－12=8.5（份）

（二）上胶量确定

上胶量就是每平方米基材面积上有多少质量干基胶黏剂，单位为 g/m^2。上胶量的大小主要由网纹辊的线数决定，网纹辊的线数指的是单位长度（每英寸）上网穴的分布量，如图3－19所示。一般线数越高，网穴深度越浅，上胶量越少，上胶量确定如表3－8所示。

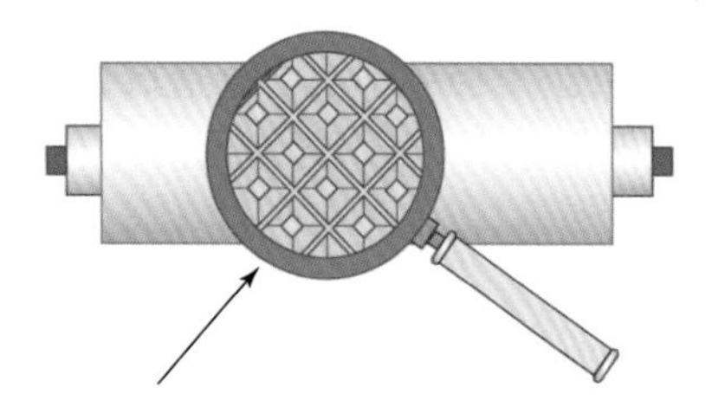

图3－19　网纹辊

干式复合上胶量控制

表 3-8　上胶量确定

分类	薄膜结构及用途	标准涂布量/($g \cdot m^{-2}$)
一般用途	无色，平滑薄膜	1.5~2.5
	多色印刷等油墨涂布量较多的薄膜及纸塑复合膜	2.5~3.5
	有侵蚀性的内容物包装膜	3.5~4.0
煮沸用	煮沸袋（低温蒸煮袋）	3.0~3.5
蒸煮用	透明蒸煮袋	3.5~4.0
	含铝箔蒸煮袋	4.0~5.0

（三）干燥温度和溶剂残留量的控制

干式复合溶剂残留量的控制

干燥是干式复合的关键过程，它对复合膜的透明度、溶剂残留量、复合强度、气味、卫生性能等都有直接的影响。三段干燥温度的设定通常为：第一段 50~65 ℃，第二段 65~75 ℃，第三段 75~80 ℃。由于乙酸乙酯的沸点为 70 ℃，温度一定要呈梯级升高，第一段温度不可过高，要让溶剂逐渐溢出，否则胶黏剂表面硬化（表面结皮）、内层溶剂残留在胶内，会极大影响复合膜强度、透明度、溶剂残留量和气味；第二段超过 70 ℃时蒸发残留的乙酸乙酯少；第三段用更高温度蒸发，但其设定要考虑基材是否会因温度太高而收缩变形。

如 BOPET 膜可设定温度为 60 ℃、70 ℃、80 ℃，BOPP 类可设定为 60 ℃、70 ℃、70 ℃。由于 BOPET 类阻气性高，残留溶剂在生产时不容易排出，所以设定为 80 ℃略高；而 BOPP 类阻气性稍差，所以设定可低点，而且 BOPP 相对耐热性不高，温度太高容易变形。

残留溶剂主要有乙醇、丙酮、异丙醇、丁酮、乙酸乙酯、丁醇、乙酸异丙酯、乙酸丁酯、苯、甲苯、二甲苯。根据溶剂残留量的要求，在干式复合过程中需要协调控制烘道的温度、烘道通风、生产车速及熟化温度。

（四）张力控制

张力控制的好坏直接影响产品的质量，如果张力控制不当，会造成翘边、卷曲、隧道折和收卷产生梅花芯等现象，张力控制主要包括放卷张力、复合张力和收卷张力三部分。

1. 放卷张力

放卷张力分两段，即第一放卷张力和第二放卷放力，分别指载胶膜与涂布辊之间的张力控制及贴合膜与复合辊之间的张力控制。放卷过程中，张力要保持基本恒定，可用磁粉制动或电机主动放卷来调节转动力矩以满足张力恒定的要求。

在整个放卷过程中，放卷张力是恒定不变的。放卷张力的大小取决于基材的厚度、基材本身的特性，对于拉伸变形性大的材料，如聚乙烯可以把张力调得稍微小一点，对于拉伸变形性小的材料，如尼龙、聚酯可以把张力调得稍微大一点。

2. 复合张力

复合张力来源于涂胶辊与复合辊的速度差。一般来说，复合辊的速度比涂胶辊的速度快0.05% ~0.1%。如果涂胶辊与复合辊在运转过程中能够夹紧的话，复合张力只取决于速度差，但是在实际过程中，由于材料的抗拉伸性不同及材料的厚薄均匀性存在一定的偏差，要得到一个恒定的张力只靠速度差是不能满足的，还需要设定张力来进行弥补、修正，张力的设定应根据烘道的温度及材料热变形性的不同进行调整。

3. 收卷张力

收卷张力与放卷张力在控制上是不同的。在收卷过程中，若收卷张力恒定不变，随着卷径的不断增大，绕曲张力不断增加，形成外紧内松，导致复合膜串卷，造成梅花芯现象。因此，收卷张力是采用锥度控制，锥度指的是随着卷径增大，张力逐步减小的程度（图3-20），锥度值通常设定在20% ~60%范围内，以保证不产生外紧内松的现象。锥度值取决于材质、材料的厚度、材料的抗拉伸性。

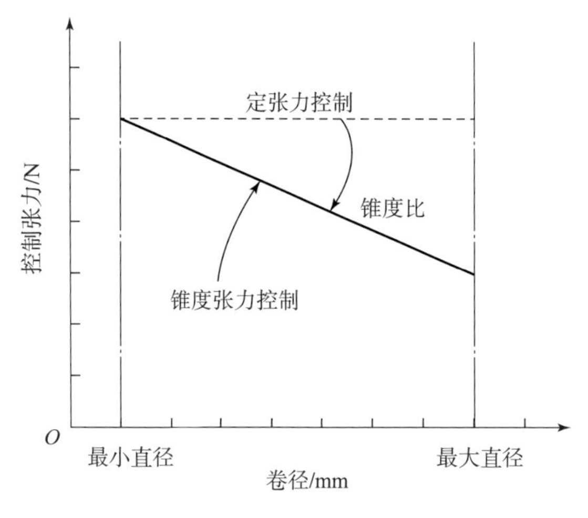

图3-20　张力控制

总体来说，张力控制包括三方面内容：一是张力初始值的设定，二是涂胶膜张力与第二放卷膜张力的匹配，三是收卷锥度值的设定。张力设定取决于材质、材料的厚度、材料的宽度、材料的抗拉伸性、烘道的温度、环境（温度、湿度）等。

（五）熟化控制

熟化也称固化，就是把已复合好的膜放进熟化室，熟化的主要目的是：一是使主剂和固化剂在一定时间内充分反应，达到最佳复合强度；二是去除低沸点的残留溶剂。

干式复合熟化控制

熟化主要是控制熟化温度和控制熟化时间两个方面。

不同的胶黏剂品种有不同的熟化温度和时间，熟化温度太低，低于20 ℃，胶黏剂反应极缓慢；熟化温度太高，基材膜添加剂析出，影响复合膜性能和增加异味，熟化时间太长也会影响复合膜性能、增加异味。

熟化温度及时间主要视胶黏剂品种而定，聚酯型胶黏剂在40 ~50 ℃熟化24 h以上，蒸

煮型胶黏剂应在50~60 ℃内熟化48~96 h；如果材料卷径大，熟化时间还应延长。

还有一种加速熟化，用于生产中的质量控制。取刚生产的复合膜约1 m^2，在80 ℃的烘箱中放置30 min，再检查其外观及剥离情况，便于及时发现问题，采取措施，这也是干式复合工艺管理中不可缺少的一环（图3-21）。

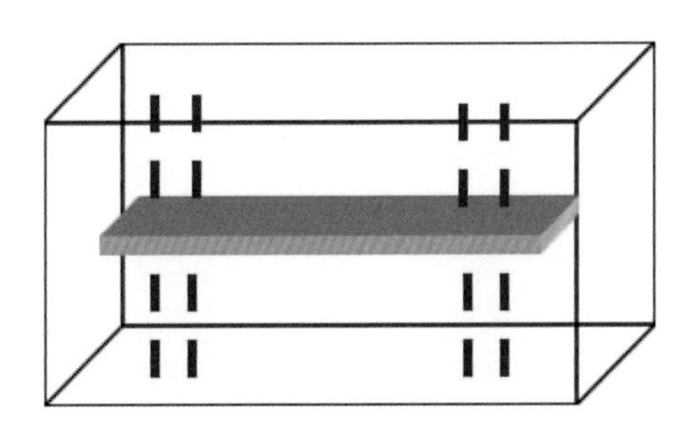

图3-21　加速熟化

任务四　鸭脯高温蒸煮袋质量检测方案

鸭脯肉为防止油脂被氧化需真空包装，要求复合材料具有良好的阻气性能，为防止微生物腐败，需对包装袋进行高温蒸煮杀菌，一般采用121 ℃温度蒸煮30 min，要求经过蒸煮试验后不破袋、不变色、不变形、不离层，无毒、无气味，残留溶剂测定值小于5 mg/m^2，无渗漏、抗油脂性能优良、吸油率不大于1 %，因此鸭脯高温蒸煮包装袋需进行高温蒸煮、透气、透湿、拉伸强度、剥离强度、热封强度、摩擦系数、溶剂残留等项目的检测。

一、原材料的检查

（1）原材料的厚度按GB/T 6672—2001进行，厚度均匀度控制在5%以内，以免复合膜起皱、产生气泡、卷边，严重时产生脱层；拉伸强度和延伸率按GB/T 1040.3—2006第3部分进行；润湿张力按GB/T 10003—2008进行；透氧/透湿性按GB/T 1038—2000和GB/T 1037—1988进行；耐高温性、卫生适合性符合GB 4806.7—2016的规定。

（2）胶黏剂、油墨的耐高温性和食品卫生性检测。

二、生产过程的检查

（1）外观（目视无起皱、离层等明显缺陷）。

（2）复合速度、胶水的黏度。

（3）上胶量检测。用不干胶的光面纸，分左、中、右三个不同的位置，放入正要复合的两层薄膜中间，待复合好后取下试样；然后用100 mm×100 mm的面积方块，按左、中、右三个不同的位置裁取测定样本；取下不干胶纸并在电子秤上称重，记下重量 a；再把称重后的不干胶上的胶水用乙酸乙酯溶剂擦拭干净，并烘干，再称重，并记下重量 b，$a-b$ 即为该样本的涂胶量，最后换算成 g/m^2 的单位即可。

（4）熟化后的复合膜之间的复合强度（按 GB/T 8808—1988 进行）：裁取左、中、右三个试片，试片宽度 15 mm，长度约 15 cm，将要试验层与层之间剥离分开约 15 mm，分别固定在万能拉力试验机的上、下夹具上，拉力速度调至 100 mm/min 进行测定。

三、成品检测

1. 制袋尺寸、封边尺寸规格

按客户要求检测制袋尺寸、封边尺寸规格。

2. 热封强度

用钢尺从袋子的边封处裁取 15 mm 宽的试片，试样长度依袋子大小而定，固定在万能拉力试验机上、下夹具上进行热封强度的测定。

3. 袋子耐压性能检测

向袋内装入等容量的水并封口，将袋样放置在压力仪的上、下板之间，根据客户要求的条件（压力、时间）做压力检测，观察袋样是否破裂及渗漏。

4. 残留溶剂量检测

色谱条件：柱温 80 ℃，汽化室和检测室 160 ℃，载气为 N_2 30 ml/min，H_2 30 ml/min，空气 300 ml/min。

裁取 0.2 m^2 样品，将样品迅速裁切成 10 mm × 30 mm 的碎片，放入清洁、在 80 ℃条件下预热过的约 250 ml 三角瓶中，用硅胶塞密封，送入（80 ± 2）℃恒温烘箱中加热 30 min后，用 5 ml 注射器取 1 ml 瓶中气体注入色谱柱中，由色谱分析直接出峰图，试验结果以≤5 mg/m^2 为合格。

5. 耐高温蒸煮性检测

高温蒸煮检测

制袋完成后，将袋内装入等容量内容物并密封好（注意：内容物要用与客户指定内容物较相似的，不可以用水或其他物质代替，且在密封时尽量将袋内空气排出，以免蒸煮时空气膨胀影响测试效果），放入反压高温蒸煮锅内，设定好客户要求的条件（蒸煮温度、时间、压力）进行耐高温蒸煮性的检测。

蒸煮后外观检查：GB/T 21302—2007 对包装用复合膜、袋耐高温介质性的要求为：经耐高温介质性试验后，应无分层、破损，袋内、外无明显变形，若有其中任一种不良现象即为不合格，剥离力、拉断力、断裂伸长率和热合强度下降率应≤30%。

任务五　鸭脯高温蒸煮袋报价

包装袋价格计算公式如下：

包装袋价格 = 平方单价 × 产品面积（三边封面积）

一、平方单价

平方单价计算公式如下：

平方单价 =（原料平方单价 + 综合加工费）×（1 + 毛利率）

原料平方单价 = 密度 × 厚度 × 材料单价 × 15% 印刷耗损

（印刷膜耗损算 15%，其他膜为 10%）

综合加工费 = 印刷 + 复合 + 制袋（都以 m^2 计算，普通三边封无须分切）

式中　印刷——0.5 元/m^2（视油墨的面积而变化）；

复合——0.25/m^2（加一层多加一次）；

制袋——0.15 /m^2。

二、产品面积

产品面积为三边封袋面积，其计算公式如下：

产品面积 = $2a$（宽度）× b（长度）

三、制版费

对于首次下单的产品，在袋子报价的同时还需要加上印刷的制版费，每个印刷颜色需要制一根印版。

制版费 = 版长 × 周长 × 单价（0.25 元/cm^2）× 印刷数色

例题：舜华鸭脯高温蒸煮袋的材料为 BOPET12/Al7/RCPP70，交货成品为袋子，袋子规格是 95 mm × 50 mm，五色印刷。材料密度根据表 3－9 查询。

表 3－9　材料密度

材料	名称	密度/(g·cm^{-3})	材料厚度规格/μm
BOPET	双向拉伸聚酯膜	1.4	12、15
Al	铝箔	2.71	7、9、30、35
RCPP	蒸煮级流延聚丙烯膜	0.91	20～70

根据市场价格，已知 BOPET 薄膜的价格为 16 500 元/吨，Al 的价格为 20 000 元/吨，RCPP 树脂的价格为 17 200 元/吨。计算该包装袋价格。

解：（1）原料平方单价：

BOPET12 = 1.4 × 0.012 × 16.5 × 1.15 = 0.319（元/m^2）

Al7 = 2.71 × 0.007 × 27.2 × 1.1 = 0.568（元/m^2）

RCPP70 = 0.91 × 0.07 × 17.2 × 1.1 = 1.21（元/m^2）

（2）综合加工费：

0.5 + 0.25 × 2 + 0.15 = 1.15（元/m^2）

（3）袋子面积：

$$2 \times 0.095 \times 0.05 = 0.0095\ (m^2)$$

（4）一个袋子的报价：

$$\begin{aligned}&(\text{原料平方单价} + \text{综合加工费}) \times (1 + \text{毛利率}) \times \text{面积}\\&= (0.319 + 0.568 + 1.21 + 1.15) \times (1 + 30\%) \times 0.0095\\&= 0.0401\ (\text{元})\end{aligned}$$

即一个袋子的价格为0.040 1元。

（5）制版费：

普通三边封排版可以横向排开，也可以纵向排开，按制袋效率高的来定，即印版转动一圈出来的袋子个数，如果效率相近，横向排开优先。

方案一：横向排开（图3－22）。

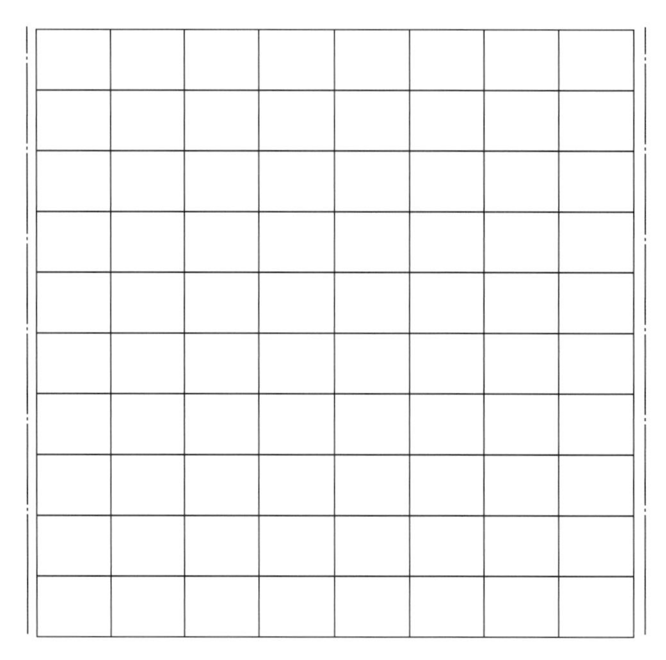

图3－22　横向排开

版长：$95 \times 8 + 20 = 780$（mm）

版周：$50 \times 10 = 500$（mm）

即版转一周，出来的袋子数为$4 \times 10 = 40$（个）。

方案二：纵向排开（图3－23）。

版长：$50 \times 14 + 20 = 720$（mm）

版周：$95 \times 5 = 475$（mm）

即版转一周，出来的袋子数为$7 \times 5 = 35$（个）。

横向排开的效率大于纵向排开的效率，因此本项目选用方案一。

则制版的价格：$0.25 \times 78 \times 50 \times 5 = 4\ 875$（元）

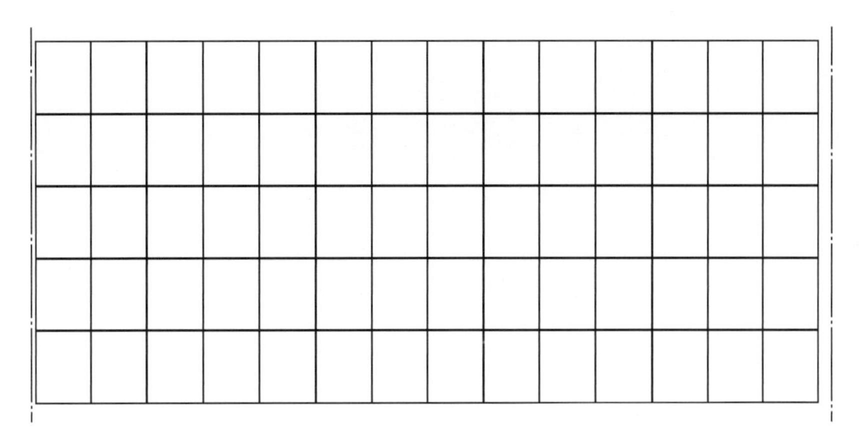

图 3－23　纵向排开

参 考 文 献

[1] 赵素芬，吕艳娜. 软包装生产技术［M］. 北京：印刷工业出版社，2012.
[2] 伍秋涛. 软包装质量检测技术［M］. 北京：印刷工业出版社，2009.
[3] 江谷. 复合软包装材料与工艺［M］. 南京：江苏科学技术出版社，2003.
[4] 陈永常. 复合软包装材料的制作与印刷［M］. 北京：中国轻工业出版社，2007.
[5] 江谷. 软包装材料及复合技术［M］. 北京：印刷工业出版社，2008.
[6] 陈昌杰. 塑料薄膜无溶剂复合［M］. 北京：化学工业出版社，2019.